U0344393

兴化访垛

江苏兴化垛田传统农业系统

苑利◎主编　李明◎著

北京出版集团公司
北京出版社

图书在版编目（CIP）数据

兴化访垛：江苏兴化垛田传统农业系统 / 李明著. —
北京：北京出版社，2019.12
（寻找桃花源：中国重要农业文化遗产系统研究 /
苑利主编）
ISBN 978-7-200-15129-9

Ⅰ．①兴… Ⅱ．①李… Ⅲ．①农田—研究—兴化
Ⅳ．①S284

中国版本图书馆CIP数据核字(2019)第194097号

总 策 划：李清霞
责任编辑：赵　宁
执行编辑：朱　佳
责任印制：彭军芳

寻找桃花源　中国重要农业文化遗产系统研究

兴化访垛
江苏兴化垛田传统农业系统
XINGHUA FANGDUO

苑　利　主编

李　明　著

出　版　北京出版集团公司
　　　　　北 京 出 版 社
地　址　北京北三环中路6号
邮　编　100120
网　址　www.bph.com.cn
总发行　北京出版集团公司
发　行　京版北美（北京）文化艺术传媒有限公司
经　销　新华书店
印　刷　天津联城印刷有限公司
版印次　2019年12月第1版第1次印刷
开　本　787毫米×1092毫米　1/16
印　张　15.75
字　数　230千字
书　号　ISBN 978-7-200-15129-9
定　价　88.00元

如有印装质量问题，由本社负责调换
质量监督电话　010-58572393

🛶 主编苑利

　　民俗学博士。中国艺术研究院研究员、博士生导师，中国农业历史学会副理事长，中国民间文艺家协会副主席。出版有《民俗学概论》《非物质文化遗产学》《非物质文化遗产保护干部必读》《韩民族文化源流》《文化遗产报告——世界文化遗产保护运动的理论与实践》《龙王信仰探秘》等专著，发表有《非物质文化遗产传承人认定标准研究》《非遗：一笔丰厚的艺术创新资源》《民间艺术：一笔不可再生的国宝》《传统工艺技术类遗产的开发与活用》等文章。

🛶 作者李明

　　南京农业大学副教授，人文学院文化管理系主任。著有《农业文化遗产学》《中国传统村落记忆（安徽卷）》《兴化访埭》，主编有《中国农业文化遗产名录》《中国农业文化遗产研究》《江苏农业文化遗产调查研究》《江苏文化遗产录（农业卷）》《农业：文化与遗产保护》《江苏农村文化建设发展报告2013、2014》

目 录
CONTENTS

　　如果有人问我，在浩瀚的书海中，哪部作品对我的影响最大，我的答案一定是《桃花源记》。但真正的桃花源又在哪里？没人说得清。但即使如此，每次下乡，每遇美景，我都会情不自禁地问自己，这里是否就是陶翁笔下的桃花源呢？说实话，桃花源真的与我如影随形了大半生。

　　说来应该是幸运，自从2005年我开始从事农业文化遗产研究后，深入乡野便成了我生命中的一部分。而各遗产地的美景——无论是红河的梯田、兴化的垛田、普洱的茶山，还是佳县的古枣园，无一不惊艳到我和同人。当然，令我们吃惊的不仅仅是这些地方的美景，也包括这些地方传奇的历史，奇特的风俗，还有那些不可思议的传统农耕智慧与经验。每每这时，我就特别想用笔把它们记录下来，让朋友告诉朋友，让大家告诉大家。

机会来了。2012年，中国著名农学家曹幸穗先生找到我，说即将上任的滕久明理事长，希望我能加入到中国农业历史学会这个团队中来，帮助学会做好农业文化遗产的宣传普及工作。而我想到的第一套方案，便是主编一套名唤"寻找桃花源：中国重要农业文化遗产系统研究"的丛书，把中国的农业文化遗产介绍给更多的人，因为那个时候，了解农业文化遗产的人并不多。我把我的想法告诉了中国重要农业文化遗产保护工作的领路人李文华院士，没想到这件事得到了李院士的积极回应，只是他的助手闵庆文先生还是有些担心——"我正编一套丛书，我们会不会重复啊？"我笑了。我坚信文科生与理科生是生活在两个世界里的"动物"，让我们拿出一样的东西，恐怕比登天还难。

其实，这套丛书我已经构思许久。我想我主编的应该是这样一套书——拿到手，会让人爱不释手；读起来，会让人赏心悦目；掩卷后，会令人回味无穷。那么，怎样才能达到这个效果呢？按我的设计，这套丛书在体例上应该是典型的田野手记体。我要求我的每一位作者，都要以背包客的身份，深入乡间，走进田野，通过他们的所见、所闻、所感，把一个个湮没在岁月之下的历史人物钩沉出来，将一个个生动有趣的乡村生活片段记录下来，将一个个传统农耕生产知识书写下来。同时，为了尽可能地使读者如身临其境，增强代入感，突显田野手记体的特色，我要求作者们的叙述语言尽可能地接地气，保留当地农民的叙述方式，不避讳俗语和口头语的语言特色。当然，作为行家，我们还会要求作者们通过他们擅长的考证，从一个个看似貌不惊人的历史片段、农耕经验中，将一个个大大的道理挖掘出来。这时你也许会惊呼，那些脸上长满皱纹的农民老伯在田地里的一个什么随便的举动，居然会有那么高深的大道理……

有人也许会说，您说的农业文化遗产不就是面朝黄土背朝天的传统农耕生产方式吗？在机械化已经取代人力的今天，去保护那些落后的农业文化遗产到底意义何在？在这里我想明确地告诉大家，保护农业文化遗产，并不是保护"落后"，而是保护近万年来中国农民所创造并积累下来的各种优秀的农耕文明。挖掘、保护、传承、利用这些农业文化遗产，不仅可以使我们更加深入地了解我们祖先的农耕智慧与农耕经验，同时，还可以利用这些传统的智慧与经验，补现代农业之短，从而确保中国当代农业的可持续发展。这正是中国农业历史学会、中国重要农业文化遗产专家委员会极力推荐，北京出版集团倾情奉献出版这套丛书的真正原因。

苑　利

2018年7月1日 于北京

　　兴化是江苏省历史文化名城，古称昭阳、楚水，历史文化底蕴丰厚。兴化所处的地理位置，是被称为"锅底洼"的里下河地区中央最低洼的地方，平均高程仅1.8米，是名副其实的"洼中之洼"。

　　春秋战国时期，兴化地处古代吴、越、楚和中原文化交汇的地带，是典型的水乡泽国。南宋以前的兴化作为东海一隅，境内河湖港汊纵横交错，交通不便，少受兵燹之灾波及，是那些迁徙而来躲避战乱的外来移民眼中的"世外桃源"和理想的避祸之所。《兴化县志》（张志）载诗云："我邑独少宛马来，大泽茫茫不通陆；外人羡着桃花园，万钱争租一间屋。"但是，由于兴化所处的里下河平原地势低洼，历史上多有遇水先淹、无水先旱的记载。每至夏秋汛期，黄淮洪水暴发，各河湖来水迅速向兴化地区汇集，形成"诸水投塘"之势，加之下游河道排泄不畅，于是兴化成为洪水的重灾区，涝灾频繁，素有"洪水走廊"之称，抗洪防灾成了古代兴化永恒的主题。勤劳勇敢的兴化先民在对抗洪水的过程中，不断探索、总结，在沼泽高地之处垒土成垛，并在实践中积累了丰富的垛田生产知识和经验，逐渐形成了天人合一，与环境高度协调的垛田生产系统和生活系统。因此，兴化垛田是沼泽洼地独具特色的土地利用方式和农渔结合的生态农业典范。作为传统农业系统，它独特的地貌和景色，在全国乃至全世界都是唯一的。2013年5月，"江苏兴化垛田传统农业系统"作为沼泽洼地土地利用模式的典范入选农业部第一批中国重要农业文化遗产，成为当时江苏唯一入选的项目。2014年4月，"江苏兴化垛田传统农业系统"又顺利入选联合国粮农组织全球重要农业文化遗产保护试点。

　　我曾经多次前往兴化，几乎每次都与兴化垛田有关。早在2010年夏天，我便随同江苏省政协文史委农业文化遗产调研组来到兴化调研垛田，但由于当时行程安排很紧，所以只是走马观花地看了垛田镇的一处垛田，听了几个部门的汇报。2012年夏天，我和崔峰副教授一同带了学生去兴化的垛田镇和缸顾乡进行有关课题的问卷调查，虽然到了东旺村，可惜没看到千垛油菜花海。2014年4月，我到兴化参加"第一届东亚地区农业文化遗产学术研讨会"，会后终于有机会到千垛菜花风景区一睹千垛油菜花海的真容。2016年9月，我带了两个研究生再次到兴化垛田进行调研，第一次看到了千垛菜花风景区的菊花景观，拜访了《舌尖上的中国》曾拍摄过的"芋农"夏俊台，还尝到了许多垛田的美食。到兴化的次数越多，越了解垛田，我就越感觉这是一块神奇的土地，是一个真正的"世外桃源"。这块土地上的农业文化遗产是如此珍贵和来之不易，而且仍然保持着原有的垛田地貌特征以及罱泥、扒苲、搌水草等传统农耕方式，值得我们不断去挖掘和研究，想尽办法保护好、利用好。

本书是由苑利先生主编、北京出版集团出版的"寻找桃花源：中国重要农业文化遗产系统研究"丛书之一，感谢2015年苑利先生邀我参加丛书编写。我平日写作多以科研论文为主，对完成这种体裁的文章实在缺少经验，只好勉力为之。

本书在编写过程中，参考了许多有价值的文献资料，限于篇幅，恕不一一列出，敬请谅解。由于作者水平有限，文中恐有错漏，希望读者批评指正。

李　明

2017年4月于南京

里下河和"锅底洼"

里下河平原历史上"遇水先淹、无水先旱"。每至夏秋汛期,黄淮洪水暴发,各河湖来水迅速向兴化地区汇集,形成"诸水投塘"之势,加之下游河道排泄不畅,兴化于是成为洪水的重灾区,涝灾频繁,有"洪水走廊"之称⋯⋯

里下河并非一条河，而是指里下河平原，而兴化就位于里下河平原的中心。里下河平原得名于它处在里河和下河之间。如果要在地图上寻找里下河平原的位置，一个便捷的方法是先找到那条纵贯南北长达1700多千米的京杭大运河。贯通了海河、黄河、淮河、长江、钱塘江五大水系的京杭大运河，在江苏境内有680多千米的河段，如果以江都、淮安为界可以分为3段，江都以南叫江南运河，淮安以北叫中运河，淮安至江都之间就叫里运河，简称里河。里运河介于长江和淮河之间，长170多千米，其前身是春秋末期吴王夫差为北伐齐国而开凿的邗沟，据说邗沟是京杭大运河最早修凿的河段。

关于下河有两种说法。

一种说法与邗沟运道有着密切的关系。水利专家徐炳顺先生在《扬州运河》一书中说，邗沟自开凿之初到宋代初年，东西相平，陆地相连，河湖相通，安徽天长等地的来水由西向东自然排往大海。后来为了解决邗沟水源不足的问题，宋代开始筑堤界水，邗沟以西的洼地便汇水成湖。因大堤将东西分隔开来，蓄水以后，便出现堤西水位高、堤东水位低的情况，西边高的叫上河，东边低的叫下河。

另一种说法认为下河是指江苏东台、盐城市区西边那条南北走向的串场河，它的东侧就是著名的范公堤。串场河的形成，与它有着撇不清的关系。唐大历二年（767年），黜陟使李承任淮南节度判官，亲自率领民众修筑了一条从楚州盐城到扬州海陵（今江苏省泰州市海陵区）长达71千米的捍海堰，因阻挡海潮的侵袭，保护了堤西的农田，故又名"常丰堰"。在民间，人们为感谢皇恩、纪念李承，也将此堤称为"皇岸""李堤"。但由于堤身建造不够坚固，经过200多年的风吹浪打，至宋代初期时，捍海堰已有多处发生坍塌，大潮来时多处溃决，海潮倒灌，淹没大片靠海的田地、庐舍，给人民生活和生命财产带来极大的危害。宋真

兴化夜景（王少岳摄）

宗天禧五年（1021 年），调任泰州负责征收西溪镇盐税的范仲淹发现古堤"厥废旷久"，百姓常受海潮袭扰，遂下定决心要在捍海堰基础上重新建起一座千年不倒的拦海大堤。北宋天圣五年（1027 年），时任兴化县（今江苏省兴化市）知县的范仲淹几经周折在原捍海堰基础上筑成了北起庙湾场、南至海安拼茶场的新捍海堰。人们为缅怀范仲淹的功德，便把这条新捍海堰称为范公堤。据《兴化市志》记载："天圣六年堤成，滨海潟卤之地皆成粮田。"范公堤大规模筑堤取土后形成了一条复堆河，

新农村（王少岳摄）

南起海安与通扬运河相接，北至阜宁县城与射阳河相通，复堆河沿线便是苏中地区最早"煮海为盐"的地带。从宋代开始，各盐场为了运盐方便，都沿范公堤和复堆河一线兴建，复堆河便串通了富安、安丰、梁垛、东台、何垛、丁溪、草堰、小海、白驹、刘庄、伍佑、新兴、庙湾等近20个盐场和盐仓，因而得名为串场河。

而这一片西起里运河、东至串场河、北达苏北灌溉总渠、南抵新通扬运河的区域，便被人们称为里下河平原。它大致以兴化为中心，包含了宝应、高邮、江都、泰州、东台、盐城，以及建湖、大丰的一部分地区，总面积超过 1.3 万平方千米。

里下河平原地势极为低平，是我国著名的三大洼地之一。如果从高空看，里下河地区的地形就像是一只周边高、中间低的碟子：它的西边是京杭大运河和高耸的运河大堤；东边是比里下河高 1~2 米的串场河和范公堤；南面是新通扬运河和沿江高沙地；北面是比里下河高 5 米以上的黄河故道。因此，里下河地区被称为"锅底洼"，而"里下河浅洼平原区"才是它的标准称谓。兴化就位于这只碟子中央最低洼的地方，平均高程仅 1.8 米，是名副其实的"洼中之洼"。

这个"锅底洼"是怎么形成的呢？据史料记载及考古考证，里下河地区的成陆过程大致经历了海湾—潟湖[1]—湖沼—水网平原的巨大变迁。当地百姓的生产方式也经历了由以捕鱼为生到农渔结合，再到以种植业为主的过程，水土利用形式也逐步完成了由水到陆的转变。

距今 7000 年前，苏北海岸线大致在赣榆—海州—灌云—灌南—涟水—高邮—扬州一线。此后，海平面逐渐稳定下来。距今 6000 多年前，当时的长江在江苏的镇江、江都一带入海，淮河则在江苏的盱眙境内入海，奔腾不息的长江、淮河从上、中游挟带大量的泥沙倾泻到这一片海湾。长江、淮河的河口两岸逐步形成沙嘴、沙洲和江岸，河口之间逐步形成沙滩、沙丘、沙坝，海岸线也不断向东延伸，里下河地区逐渐形成一片浅海海湾。当时的兴化地区已经出现了早期人类生活的痕迹。距今6300~5500年的影山头遗址是目前考古发现的江淮地区面积最大的一处新石器时代遗址，出土有石斧、石刀、石纺轮、陶鼎、陶釜、陶盉、骨笄、骨镞等器物；距今4500年的戴窑东古文化遗址发现了良渚文化的石钺、石斧、石锛等器物，表明太湖流域（良渚文化）的先民曾经沿海北进，进入今天的兴化戴窑镇东古村一带；距今约4200年的南荡遗址出土有鼎、瓮、盆、石斧、骨针等器物，与河南王油坊龙山文化晚期基本一致，表明河南王油坊（龙山文化）的先民曾经迁徙至此。这些遗迹表明兴化地区在较早的时候就已经成为南北文化迁徙交融的交汇点。

3000多年前，长江北岸沙嘴与淮河南岸的沙嘴，通过盐城—东台—海安一线的沿海沙丘沙坝相连接，形成了闭合的沙堤，将广大的里下河腹地封闭成宽阔的潟湖。当时的潟湖包括了后来的白马湖、宝应湖、高邮湖、邵伯湖、射阳湖和广袤的沼泽地。曾是潟湖中心的兴化，在相当长的历史时期内，茭苇丛生，大小湖泊犹如贯珠。

而此后的3000多年，潟湖又开始了向湖沼和水网平原演化的历程。潟湖在长江、淮河等多支河流注入的影响下，水质逐渐淡化，成为淡水湖，因湖泊内泥沙淤积，逐渐演变形成了今天四周高、中间低的"锅底洼"平原区。春秋末期，吴王夫差为了北伐齐国、以水运兵，利用里下河众多的湖泊，开凿了沟通长江、淮河的邗沟。秦汉时期，里下河日渐涸出，形成一些早期的聚落，秦有高邮亭，西汉则有盐渎、射阳、平安、高邮、海陵等县。隋大业元年（605年），隋炀帝征调民夫开凿贯通南北的京杭大运河通济渠段。从此，潟湖一分为二：运河西边统称高宝湖，运河东边简称里下河。隋唐五代时期，里下河区域的农业开发明显加快，见于记载的水利工程就有邵伯的平津堰，高邮的富人塘、固本塘，宝应的白水塘、羡塘、永安堤，山阳的常丰堰，淮阴的棠梨泾，等等，其中以常丰堰最为有名，效益最高。此外，唐代官府还两次在射阳湖设立官屯，有组织地开垦湖滨荒地和围湖造田。南唐、吴越时期，官府在射阳湖区内设立兴化县。北宋时期，前朝水利工程诸如范公堤，兴化的姜家堰，高邮的陈公塘，宝应的泥港、射马港，山阳的渡塘沟、龙兴浦，淮阴的青州涧，江都的古盐河等都被一一修复，官府在里下河地区大兴屯田，推广占城稻，农业得到了长足发展。

这一历史时期，淮河每年汛期汇集上、中游的大量洪水，抬高下游水位，经常漫堤泄入潟湖，将高宝湖作为入江入海的行洪区，里下河地区则成为滞蓄洪区。里下河地区年复一年滞蓄洪水，大量泥沙沉积湖荡，淤浅面积逐渐缩小，沼泽面积逐步扩大，加速了里下河地区的天然造地进程。但总的来说，在北宋以前，地处淮河下游的里下河境内，自然环境堪称优越，水系井然。在汩汩清流的滋润下，里下河桑麻披绿，稻麦飘香，较少水旱灾害，一派世外桃源的景象。

但在南宋以后，由于"黄河夺淮"[2]变为常态，里下河地区自然环境演变的进程陡然加快，里下河地区从此成了灾害频发的地区。在历史上，黄河是条著名的"悬河"，素以"善淤""善决""善徙"而闻名，每遇洪水泛滥，经常出现决堤改道，犹如"黄龙摆尾"。在南宋之前，黄河下游河道绝大部分时间都是流经河北平原由渤海湾入海，然而从南宋绍熙五年至清咸丰五年（1194—1855年）间，"黄河夺淮"即黄河以淮河的河道作为出海口的时间长达661年。至清咸丰五年（1855年）黄河在河南兰阳（今兰考）铜瓦厢决口北徙，这一局面才得以结束。

水上森林（王少岳摄）

　　这一时期是里下河自然环境演化最快、最剧烈的阶段。一方面，黄河频繁溃决，汹涌的黄河水裹着大量泥沙倾泻到淮河下游，夺去了淮河入海通道，通过高宝湖下泄到里下河地区，填海造陆，淤塞湖泊，使得里下河地区河渠沟港的淤塞和射阳湖的淤积日趋严重，湖泊沼泽化，沼泽渐成陆地，打乱了原有的自然水系，极大地改变了包括里下河在内的整个淮河下游地区的自然环境。另一方面，河湖的淤浅又使洪水排泄更为不畅，反过来进一步加速河湖的淤垫，加重了里下河的灾情，如此恶

性循环，推动着里下河地区自然环境的不断演化，最终形成了里下河水网平原，也将里下河地区的百姓引向赤贫的深渊。

里下河平原历史上"遇水先淹、无水先旱"。每至夏秋汛期，黄淮洪水暴发，各河湖来水迅速向兴化地区汇集，形成"诸水投塘"之势，加之下游河道排泄不畅，于是兴化成为洪水的重灾区，涝灾频繁，有"洪水走廊"之称。每至旱时河湖干涸，河底往来无阻。旱涝交替为灾，令百姓苦不堪言。据兴化方志记载，从宋政和六年（1116 年）至 1990 年的 874 年中，较大自然灾害的条款计 342 条，其中洪涝灾害就高达 189 条（包括卤水倒灌的海潮入侵之灾 18 条）、旱灾 53 条，合计 242 条，占全部灾害的七成。据《明史》《清史稿》有关河渠志的记载统计，黄河在苏北溃决的次数，明代有 45 次，清代有 47 次，每隔几年就有一场惨绝人寰的大水灾。

《（民国）续修兴化县志》更记有"二十年全境陆沉、乘舟入市"的大洪灾情形。民国时期，兴化灾情依然惨烈，中华人民共和国成立后，据《兴化市志》记载："1949—1990 年，遇涝 15 次，平均 2.7 年一遇"。水给兴化带来了无数次的苦难。兴化民间有"文峰塔顶荡水草"（1946 年拆毁前的文峰塔高 5 层）的传说，即相传一次巨大的洪水袭来，连文峰塔的宝塔顶子都淹掉了。

据当地百姓介绍，古时兴化先民求雨时总是唱着这样的民谣："天皇皇，地皇皇，龙宫潭里的白龙王，归来抱珠湖心眠，旱涝祸福随您掌……"其中的辛酸和无奈让人不禁感慨万千。

总体来看，兴化地区的洪水主要来自"四湖""三河""一海"。"四湖"指的是洪泽湖、高宝湖、白马湖、邵伯湖；"三河"是指里运河、通扬运河、淮河；"一海"即黄海。唐宋时期兴化东面沿海海塘工程的兴筑，南宋以后北面黄河夺淮后苏北"地上河"的形成，明清时期由于"蓄清刷黄"[3]使得兴化西北的洪泽湖与高邮湖成为悬湖，最高洪水水位一度分别达到16.9米和9.64米，比兴化城内的塔尖还高，而高家堰和运河大堤则如两道高耸的长墙突立于洪泽湖和运西诸湖（即运河西边诸湖简称）东岸。这些都进一步强化了里下河地区的低洼性，加剧了该地区的水患。

在旧时，洪水来临后，兴化乡民的茅草屋顿时化为乌有，辛苦种植的田地颗粒无收，更有势利的财主催逼压迫，于是不少乡民撑船往江南逃荒。由于水灾不断，古时兴化形成了一些奇特的葬俗。民国人徐谦芳所著的《扬州风土记略》记述："兴化以无葬地，往往堂积数柩，久而不葬；宜择高厚阜为公墓，以补救之"，其实这也反映了兴化人畏惧洪水的心理。兴化地下多水不宜深葬，而洪水来时，会造成棺木破土浮出的窘境，于是官宦人家多择高阜葬埋先人，著名的"状元宰相"李春芳甚至远葬于扬州西山。

兴化自古以来，由于自然的地势造成易旱易涝、水旱灾害频发，抗洪防灾似乎成了古代兴化官民永恒的主题。为此凡兴化历任欲图有为的官员都把治水作为头等大事来抓。历朝历代治水也各有重点，在兴化留下了很多古代官员治水防洪的遗迹。其中，唐宋时期以修堰为主，如唐大历二年（767年）黜陟使李承修筑常丰堰，北宋天圣五年（1027年）范仲淹修筑范公堤，南宋建炎年间兴化县令黄万顷修筑绍兴堰。明代以疏浚河道为主，如1584年知县凌登疏浚丁溪海口，并禁"投溷弃灰"。

清代以筑圩、疏浚河道为主，如乾隆四十年（1775 年）筑安丰镇东北圩，其后各圩逐步形成。民国时期以导淮建坝为主，如 1935 年为导淮工程出工阜宁，1943 年筑坝、封口 79 条，交通筑坝 417 条。

中华人民共和国成立以后兴化抗洪防灾工作得到了政府的高度重视，20 世纪 60 年代政府组织筑联圩、建闸站，东固运河堤坝，西拓入海通道，开辟苏北灌溉总渠和入江水道等工程，使洪水得到控制；七八十年代发展机电灌溉排水，重点疏浚南北向河道；1991 年后建成"四三式"圩堤 2800 千米；1998 年至 2001 年建成"四五四式"圩堤 3256 千米，圩口闸 1684 座，使兴化圩口闸总数达 3696 座，水利面貌发生了根本改变。经过半个多世纪的不懈努力，兴化人民终于将饱受水旱灾害的"水乡泽国"建成为"鱼米之乡"。

注释

[1] 潟（xì）湖，是指被沙嘴、沙坝或珊瑚分割而与外海相分离的局部海水水域。当海浪向海岸运动，泥沙平行于海岸逐渐堆积，形成高出海平面的离岸坝，坝体将海水分割，内侧便形成半封闭或封闭式的潟湖。

[2] "黄河夺淮"指的是黄河在南宋绍熙五年至清咸丰五年（1194—1855 年）间侵占淮河河道作为出海口一事，使得原本成形的淮河水系出现紊乱，从而导致自然灾害频繁发生。

[3] 明末著名的治河专家潘季驯在"束水攻沙"的基础上，提出了"蓄清刷黄济运"的治理黄河方略，即在与淮河相接的洪泽湖东岸的高家堰筑起大堤（即今洪泽湖大堤），提高淮河水位，使淮河的清水从清口处倒灌黄河，冲刷黄河带入大运河的泥沙，从而使得大运河畅通无阻。但在洪泽湖东岸筑堤，提高淮河水位后，使得洪泽湖成为悬湖，里下河地区面临更严峻的洪水威胁。

城市新貌（王少岳摄）

垛田旁的村庄

02

相传为醴陵侯后裔孙的顾六三，时任四品官员，居苏州盘门，带领一帮乡民抵抗元兵的进攻，然而势单力孤不幸兵败。顾六三只得带上妻子外出避难，被元兵追杀至江边，正为找不到船只暗暗叫苦之时，发现江边有一口荷花大缸，灵机一动，夫妻二人坐进荷花缸里，随波逐流，听天由命。当时正逢涨潮，潮水裹挟着荷花缸向西漂去，待元兵追至江边，荷花缸已经漂远……

一、"缸顾"的传说

2017年9月9日，我和两个研究生一行三人一早便坐上了南京开往兴化的长途汽车，45座的客车上大概只坐了一半人。在等待发车时，我们议论起要多长时间才能到兴化，有兴化人搭话说两个半小时就可以到了，而我记得4年前坐汽车到兴化大约要花4个小时，看来现在的高速公路路况已经比几年前好多了。7点客车准时发车，路上的车已经多起来，客车随着车流缓缓前进。20分钟后客车上了宁洛高速开始飞奔起来。2个小时40分钟后，长途汽车拐进了兴化汽车客运站。

为了方便去千垛菜花风景区看菊花，我们在兴化汽车客运站下车后，便直接坐上了前往位于缸顾乡的千垛菜花风景区的出租车。缸顾乡位于兴化西北部湿地保护区，共有8个行政村，18个自然村，缸顾乡自然环境优越，千垛纵横，河沟如织，风景优美。一路上车不多，都是新修的省级公路，路况很好。记得4年前我从兴化市区去往东旺村调研时一路还都是两旁种满杨树的乡间公路。

近年来随着"中国·兴化千岛菜花旅游节"的成功举办，以及兴化垛田成功入选中国重要农业文化遗产和全球重要农业文化遗产，缸顾乡和东旺村的知名度大大提高，相关的基础设施也得到明显改善，缸顾乡、东旺村已经和垛田、油菜花紧密地关联起来。

对于像我这样的外地人来说，"缸顾"这名字听来很怪，不禁想问清楚来由。据当地人说，"缸顾"之名的由来有一段曲折离奇的传说。宋德祐年间，江东战乱，相传为醴陵侯后裔孙的顾六三，时任四品官员，居苏州盘门，带领一帮乡民抵抗元兵的进攻，然而势单力孤不幸兵败。顾六三只得带上妻子外出避难，被元兵追杀至江边，正为找不到船只暗暗叫苦之时，发现江边有一口荷花大缸，灵机一动，夫妻二人

状元坊（朱宜华摄）

坐进荷花缸里，随波逐流，听天由命。当时正逢涨潮，潮水裹挟着荷花缸向西漂去，待元兵追至江边，荷花缸已经漂远。元兵大怒，放箭射击，但是距离太远，元兵的箭只在缸外留下了几处箭痕，而荷花缸却借着潮水漂至江北，从高港口进入内河，一直漂到兴化城西郊一带才停住。顾六三认为那里不是避兵燹之地，于是又辗转来到今蜈蚣湖西边的湖垛村定居下来，这才将湖垛村改名"缸顾庄"（今缸顾乡）。之

水上森林俯视（王少岳摄）

所以如此改名，据说是因为顾六三感激荷花缸救了他们夫妻的命，特意把缸字放在顾姓的前面，以告诫子孙后代要铭记做人莫忘感恩的道理。据说这口传奇的荷花缸一直保存在当地的顾姓家祠里，于20世纪60年代被毁。而现存的荷花缸，是改革开放后顾姓子孙出资仿制的，但当时没有窑口能够烧制原先那么大的荷花缸了，故此缸尺寸上要比原先的小很多。

据顾氏子孙介绍，顾六三定居缸顾庄后，顾姓一支人丁兴旺，生生不息。元明清时期，兴化有"顾、陆、时、陈"四大望族，顾姓始终排首位，可见顾姓一族在兴化的分量。目前，顾氏族人仍然保存了一部清同治年间重修的《兴化龙津堂顾氏族谱》，为木刻宣纸印制，共12卷，按地支排列。这部族谱原版由明朝宰相李春芳的同窗好友顾梓河编写，李春芳等名人为其作序，完整地记录了顾氏家族的兴衰沿袭、名人官吏、乡土风情和历史沿革。此外，如宰相李春芳、大学士解缙、顾梓河、黄仲则、顾硕、任大椿、宗臣等历史名人在顾氏族谱中也有提及。这是兴化目前最完整的一部家族史，也是兴化非常重要的历史文献。

缸顾乡自古以来就是历代文人墨客荟萃之地，宋朝以来，曾有8人受历代皇帝赐授匾牌5块半，其中有宋度宗赵禥赐给时梦拱的"开科第一"匾牌；明朝太祖赐给顾师鲁、顾师胜兄弟俩的"宠锡""忠孝同胞"匾牌；明嘉靖皇帝赐给顾士奇的"冠楚廉能"匾牌；清乾隆皇帝赐给顾九苞的"学冠东南"匾牌，以及赐给顾符真、顾于观、顾锡爵、陆沧浪、李沂、李婵6人的"诗画名家"匾牌，因其中有3人出自缸顾，故算作半块。据说"开科第一""宠锡"两块匾牌真迹仍存于缸顾乡。

二、东旺村

我们坐的出租车半小时后就到了千垛菜花风景区的门口。在路边下车后，可以看到公路的东边便是著名的千垛菜花风景区，垛田里开满了五颜六色的菊花，公路的西边就是东旺村和景区的大门及停车场。4年前的暑期我带学生来东旺村做过调研，当时只有乡村公路，千垛菜花风景区的大门还在公路的东面，门口虽有公交车站，但夏天几乎没有游客，行人可以随意进入景区。如今高大的立交桥飞架在新修的省级公路上方，这也是游客中心通往千垛菜花风景区的通道。路旁立着一块4米高的牌子，上面写着"农业部油菜高产创建示范片"，让人想起曾经的"垛田油菜，全国挂帅"。新修的景区大门充满现代化气息，宽阔的停车场足能停放几百辆汽车，不过现在是旅游淡季，只有稀稀落落的十几辆小汽车。

我们刚从车上下来，就有几个五六十岁年纪的妇女围了上来，把我们当成游客，问我们是不是要去看菊花，或者住宿。停车场附近有七八户农家乐，我们径直来到距千垛菜花风景区最近的一户。门前有小桥流水、农田鸭舍，颇有几分田园趣味。

东旺村，古称杨噶庄，位于缸顾乡境内，距离兴化市区约18千米，村子的东面紧靠着闻名全国的千垛菜花风景区，也称千垛菜花风景区。

四牌楼的匾牌（朱宜华摄）

东旺村环境优美，文化底蕴丰厚，作为里下河地区独特田园风光代表，2012年被评为"江苏最美乡村"。东旺村地理环境独特，两湖两河环抱：其东、西两边分别是五大湖之中的蜈蚣湖和平旺湖，北边是金沟，南边是红菱沟。马狼河穿村而过，有村民称之为"蟒蛇河"，最宽处达50米，水网发达，而耕地较少。全村有1100多户4200多人口，主要有魏、蒋、陈、杨几大姓，分为东旺南、东旺北两个村委会32个村民小组。20世纪90年代，每位村民分得约0.8亩[1]的土地，至今未有显著变化。

传说南宋以前，东旺村及周围地区湿地纵横，湖泊相连，是水草丰美的沼泽地。到了南宋时期，此地成为宋金交战的主战场。传说当时，金国大将兀术为防南宋北伐曾命人在东旺村一带开挖战壕。战壕为八卦形，由中心逐渐向外围层层开挖，将挖出的泥土堆成土丘、土垛子，作为防御屏障。战争过后，此地沟壑纵横，地表支离破碎。南宋以后，黄河夺淮成为常态，污浊的洪水经常肆虐这个地区。随着明初人口陡然增加，先民们可能是受金兵遗留下来的战壕的启发，将原来的沼泽地堆砌成一块块垛田，通过筑高的垛田，来对抗洪水的侵扰。随着时间的推移，古战场的残败景象已不复存在，留下来的则是数以千计的垛田。

放下背包后我们便来到院子里和房东聊天。房东家祖孙三代共有6口人。老爷子姓魏，今年67岁，老太太小他两岁。儿媳带着小孙子在上海打工，老两口和儿子、大孙子在家经营农家乐，已经有3年了，每年能赚个三五万。由于千垛菜花风景区旅游的季节性很强，菜花旅游节持续一个多月时间，菊花节也就两个月，因此平时没多少游客，旅游旺季时也主要经营餐饮，住宿的游客不多。通常一辆大巴能拉来四五桌的客人，最多时一天接待过200多位客人。现在东旺村有五六十家农家乐，大部分都是房子租给外人来办的，只有少部分村民平时在外做生意打工，到了旅游季就回家办农家乐，旺季结束再出去打工。也有临时聘请亲戚或熟人帮忙的情况。旺季一过，东旺村的村民就各自回归原来的生活方式。

据魏老爷子介绍，东旺村1100多户中有半数都在上海等地经商、打工，平时村里的年轻人很少。20世纪90年代初，魏老爷子一家也在上海经商，刚开始用15吨的挂桨机铁船做蔬菜贩卖的生意，用今天时髦的说法就是"蔬菜经纪人"。秋天把垛田产的芋头装到上海去卖，通常单程需要四五天的时间。此外，也会到浙江湖州收购麦子，魏老爷子去江苏常州收购大米。生意好时魏老爷子买过载重100多吨的大船跑运输，后来生意不好，他身体也不行了，就卖了大船和老伴回家乡做农家乐，如今已有3年了。然而祸不单行，前年他家儿子又得了脑溢血，命悬一线，魏老爷子不得已把上海的房子卖了给儿子治病，最后儿子虽然捡回一条命，记性却大不如前，只好也回到家乡做些轻活儿。魏老爷子的大孙子是村里为数不多的年轻人，平时沉默寡言，看得出来他对自己目前的生活状态并不满意。

黄昏时分，我们决定到村里逛逛，看看垛上的村庄有何独特的风情，未承想村里的街巷布局非常杂乱，街道也不够整齐，除了两条主干道，其余的道路多是曲折狭窄，甚至有不少"断头路"，这与一般藏匿在山间田野的分散式聚落截然不同。这是由于为了避免洪灾时被淹没，村民们不得不将村舍安排在一块块垛子上，并且集中力量抬高居住地的地基，使分散式的聚落逐渐转变成集中式的村庄。但这些垛子长宽、高矮往往并不一致，村民建房受地形影响也只能因陋就简，东一堆、西一摊，街道不宽，巷子不直，显得松散凌乱，甚至被人形容为"麻花炸的庄子，水蛇游的巷子"。然而不管是平房还是楼房，在中间还是在旁边，有巷子还是没巷子，所有民居一概面南而居，向阳而建。"垛上垛，随你住"，这是垛田人的口头禅。它的本意是说垛田的垛子高，随便找个地方都能够建房居住，不必担心受涝。但随着社会的发展，人口增长，宅基地也越来越紧张，房屋开始彼此相连，过道缩窄到仅可供一人通过。

水路交通（王少岳摄）

　　与4年前明显不同的是，村里盖了很多新楼房，而且至少还有十几幢正在建设的。村边临近公路与千垛菜花风景区隔路相对，被当地人叫作"东旺开发区"的地方，现在已经全部是整齐的别墅，据说这里100

多平方米的宅基地要卖20多万。与之形成对比的是村中那些常年无人居住的破败村舍。有人总结了20世纪中后期垛田上乡村住房的时代变迁：60年代，"荒垡"[2]根基"土墼"[3]墙，毛竹做梁草盖房。70年代，砖头根基土墼墙，大瓦倒檐草在上。80年代，砖头墙、大瓦房，三间一厨房，外面有院墙。90年代，贴瓷砖、外粉墙，家家都有大走廊。进入21世纪，更是大变样，不少人家住楼房。因此便形成了像东旺村那样，豪华的别墅紧挨着破败的房屋，美丽的垛田紧挨着淤塞的河道，垃圾随处可见的景象，这些景象让人感觉极不和谐，不禁在心中生出许多感慨。其实在乡村，每个时代都有一些特色建筑，它们代表了一种文化和记忆，将来甚至会成为一种遗产。盲目追求建筑现代化，而不考虑新式建筑与村落环境、生产生活是否相宜，正是传统村落失掉个性、破坏风貌的首因。

从人口构成上看，如今村里基本上都是上了年纪的老人和上学的孩子。黄昏时分老人坐在门口吃饭或闲聊，孩子们在玩耍，只有主干道还有一些人气，这是村里一天中最热闹的时候，村民见我们几个生面孔都很好奇地看着。其实青年人口外流早在4年前便很严重了，记得当初我们连下发300份问卷的调研工作都很难完成。

三、蔬菜之乡

东旺村也是个蔬菜之乡，5000多亩土地基本全种蔬菜，是缸顾乡第一个无粮村，主打的蔬菜就是韭菜、芋头、慈姑、大白菜和萝卜。其中韭菜、芋头种植面积都在1000亩以上。房东魏老爷子家里种的蔬菜种类还要更多，包括扁豆、生姜、芝麻、南瓜、冬瓜、土豆等家常蔬菜。一方面是做农家乐满足顾客餐饮需要，另一方面也可供游客现场采摘。魏老爷子告诉我们，其他村的垛田也种杂粮，很多垛田人家会种一些高粱、玉米，逢年过节做成高粱汤圆馈赠亲友，在兴化无论是城里人还是农村人都喜欢吃这个。

金秋时节，东旺村的村头车水马龙，菜农们划着小船，挑着箩筐，把一筐筐又大又圆的芋头、鲜嫩碧绿的韭菜过秤后，装上来自上海的大卡车。如今东旺村的韭菜、芋头在上海非常有名，打的是"绿色无公害"这张牌。原先东旺村的韭菜也曾依赖过化肥，长得快，叶片绿，煞是好看。谁知到了上海市场，却卖不过上海郊区的温室韭菜和山东寿光的大棚韭菜，主要原因是口感欠佳。为这事，村党支部成员专门前往上海蔬菜研究所向专家请教，谁承想专家经过市场调研后开出的药方竟然是恢复传统的韭菜生产方式，生产货真价实的"绿色韭菜"，在"嫩"字上做文章。于是，他们引导农民充分发挥当地垛田土质好、水分足的自然优势，坚持不施化肥，全部罱河泥施有机肥，不使用农药，每茬韭菜割掉后，用河泥壅一次根，生产出真正的"生态韭菜"。这样生产出来的韭菜呈现青色而非墨绿色，口感鲜嫩，爆炒、凉拌、做汤都相宜，很快就打开了市场。上海的"绿叶"等大集团也纷纷向他们订货，从此东旺村的青色韭菜风靡了上海农贸市场。

东旺村的芋头品质很好，大的龙香芋淀粉足、味道香，小的仔香芋水煮后蘸盐吃堪称一绝。但是最初运到上海时，竟也很少有人问津。东旺南村的原主任黄金才想了一招，他在卖芋头摊旁摆了一只煤炭炉，煮了满满一锅仔香芋，免费请来买菜的上海家庭主妇们品尝。从未试过这种原汁原味吃法的主妇们都说"味道好极了"，从此缸顾乡东旺村的芋头走上了上海人的餐桌。

在东旺村，有一些专门在上海从事蔬菜批发的蔬菜经纪人，他们每天都要回东旺村收购数吨韭菜、慈姑、芋头等水乡特色蔬菜，运往曹安、四平等农产品批发市场。在乡政府的帮助下，东旺村还成立了蔬菜协会，600多名在上海经营农副产品的经纪人加入协会，实行分工合作。蔬菜协会在上海浦东召开新闻发布会，打出了"缸顾蔬菜无公害，运输环节不过夜"的广告词。他们还将垛田的芋头送到了上海虹桥等涉外宾馆，做成了"蟹腐芋羹""火烤芋艿"等名菜，深受外宾欢迎。特色蔬菜的种植为东旺村村民提供了宝贵的就业机会，将一些在城市中打工的农民再次拉回到垛田。这些少数村民的回归，对于农业文化遗产保护和传统文化的延续与发展有着积极的意义，虽然目前人数还比较少，但这是一个良好的开端。

注释

[1] 1亩约等于666.67平方米。

[2] "荒垡"指从荒地里挖来削成方块的土块，由于其中含有大量的草根，搬运、砌墙时不易碎散，相当于后来的土坯。

[3] "土墼"即土坯，其长、宽、高的比例与古城墙砖相似。制作"土墼"的材料是河泥，将从河里罱上来的河泥摊在地上晾晒两三天，等其滤去多余的水分后就将扬场扬出来的瘪谷和草屑拌和到里面，再将河泥装入一种叫"土墼框子"的模具中制作，制作的过程就叫"脱土墼"。

垛田起源的传说和考证 03

大禹对随从说，若能将此海湾之处海水退去造一片良田，该能造福多少百姓！大禹将腿上泥巴抹下，甩向水里，岂料那点点泥巴竟慢慢长出一个个大小不等的土墩来。大禹大喜，令一随从先行向舜回报，等他将这片海湾治成再去领赏。禹率领海边民众筑大堤、退海水、挖土墩、种瓜菜，垛田由此而生……

根据《兴化县小通志》转述《（咸丰）重修兴化县志》（梁志）[1]的说法，至少在 19 世纪后期，垛田已是兴化地方志或水利志叙述中的区域名词。但兴化垛田究竟形成于何时，由谁建造，为什么仅仅出现在里下河地区，垛田得名具体在什么时间？有关学者遍寻方志文献、笔记小说等各种历史资料，也没有发现任何明确记载。在兴化民间有不少关于垛田起源的神奇传说，问起村里的老农，几乎都能给你说上一段。归纳起来大致有 3 种代表性传说：一是"八仙说"，二是"大禹说"，三是"岳飞说"。

"八仙说"说的是八仙过海来到东海之滨，那时兴化还是一片浅海湾，铁拐李趁何仙姑不防，偷偷摘下其一片荷花瓣随手一扔，这花瓣飘落在水上，竟在那水中慢慢变化成个土墩子。就在众仙惊讶之时，何仙姑索性又摘了几片荷花瓣撒落下去，水里又长些土墩。何仙姑边撒边对铁拐李说："我虽无德无才，花瓣倒还有些灵气吧。"那铁拐李哪里肯服，就从破衣兜里摸出一把瓜子悠悠然嗑了起来，边嗑边将瓜子壳吐下，不想那瓜子壳落下后也在水里变为一个个土墩。两仙人较起劲来，一个撒花瓣一个嗑瓜子，于是便长出这一片垛田来。"八仙说"完全是人们根据垛田的分布形态幻想出来的神话传说。

"大禹说"说的是舜在位时，念大禹治水有功，便传令召见，欲加犒赏。大禹接令后顾不得满身泥水，日夜兼程，当走到东海之滨一处海湾时，见此处风平浪静，水草丛生。大禹对随从说，若能将此海湾之处海水退去造一片良田，该能造福多少百姓！大禹将腿上泥巴抹下，甩向水里，岂料那点点泥巴竟慢慢长出一个个大小不等的土墩来。大禹大喜，令一随从先行向舜回报，等他将这片海湾治成再去领赏。禹率领海边民众筑大堤、退海水、挖土墩、种瓜菜，垛田由此而生。"大禹说"是民间结合垛田的形态附会历史传说的结果，于史无征，也不可信。

"岳飞说"说的是南宋时期岳飞曾在兴化地区驻扎以迎战金兵。为了安营扎寨，将士们在旗杆荡等处的草地荒滩之上垒起不少土墩，作为一种阻敌障碍物，军事上称为芙蓉寨。《兴化县志》载："飞率军……途经兴化时，曾驻师县城及城东旗杆荡等处。"也有人传说，当时为抵抗金兵的袭扰，当地军民在湖荡地带修筑许多断断续续、宽宽窄窄、高高低低的土坝作为伏击地，这些土坝就成为以后建造埏田的基础。当然也有传说说是金兀术下令开掘的。不论何种说法，总之战争过后，此地沟壑纵横，形成了很多土垛。到了洪武年间，为填补战后淮扬地区人口损失带来的劳动力空缺，朝廷"驱逐苏民实淮扬二郡"，大批苏州、昆山的移民来到兴化，一些人来到城东开垦荒滩。有人发现了战时遗留的土墩，便在上面试种蔬菜，结果长得很好。受此启发，移民纷纷效仿，在荒草滩地间挖土堆垒，劳力多的人家挖大的，劳力少的人家就堆小些，于是挖出了大大小小、星罗棋布的埏田来。"岳飞说"看似合情合理，其实也不尽然。 因为元末明初之际，兴化地区是张士诚的根据地之一，张士诚和朱元璋双雄博弈，当地屡遭刀兵之祸，民众流离失所，大片土地荒芜，故有明初驱逐苏民以实兴化之举，可以想见的是，当时兴化地区的状况是土地大量抛荒，劳力缺乏，地广人稀，所以根本没有必要花费如此气力去开垦荒滩，堆垛成田，因此也是不可信的。

我们在东旺村问起魏老爷子这一带埏田的起源时，听到了第四种流传范围较小的说法。魏老爷子说，东旺村这一带很早以前湖荡里有很多芦苇，有人从事芦苇加工，需要将割下的芦苇晒干，但湖荡地区缺少晾晒的场所，于是就在湖荡较浅的地方垒泥成垛，后来土垛越来越大，便在上面种植作物，形成了最早的埏田。

关于埏田起源，兴化当地的一些学者文人还有第五种说法——葑田说。他们认为埏田应该源自古代的葑田。兴化地区自古地势低洼，湖荡纵横，历来饱受洪涝侵害。兴化先民为了应对水患灾害，可能最初是在沼泽中以木做架，铺上泥及水生植物 (如葑菱等) 而浮于水上，因此，最早的垛田应该是漂浮在水面上的，随水沉浮高下，不致淹没。北宋梅尧臣有诗《赴雪任君有诗相送仍怀日赏因次其韵》云："雁落葑田阔，船过菱渚秋。" 明代大学士、兴化人高谷《题兴化邑志初稿》中也有"葑田凫喽喽，芦渚雁嘤嘤"的描述。民国三十四年 (1945 年) 徐谦芳《扬州风土记略》记载："兴化一带，有所谓坨者，面积约亩许，在水中央，因地制宜，例于冬时种菜，取其戽 (音 hù) 水 [2] 之便也；故年产白籽甚丰。"

从"葑田说"似乎能看到葑田和垛田之间存在一定联系，但是目前尚没有确切证据显示兴化垛田就是由葑田演变而来。而且我国古代有葑田的地方很多，但其他地方都未见其演化为垛田，那为什么唯独兴化的葑田最后演变成垛田呢？似乎尚没有人能解开这一谜题。

其实，所谓葑田，是在沼泽中用木桩做架，挑选菰根等水草与泥土掺和，摊铺在架上，种植稻谷，亦称架田。这样种植的作物漂浮在水面上，随水高下，不致淹没。元代王祯《农书》卷十一中写道："架田。架，犹筏也，亦名葑田……江东有葑田，又淮东、二广皆有之。"《中国通史》中写道："江南大湖中有茭、蒲等，年久根从土中冲出，浮于水面，厚数尺，可延长几十丈。在上面施种，即可生长，称为'葑田'。后来，农民进一步作木排，在上面铺泥，种植庄稼，称为'架田'。"

葑田的"葑"，即芜菁，又名蔓菁，是一种一年或二年生十字花科草本植物。葑田最初是湖泽中葑菱积聚，长期腐化干涸变为泥土，浮于水面而形成的一种自然土地。后来人们从自然形成的葑田中得到启发，将湖泽中葑泥移附于木架上，浮于水面，成为可以移动的人造农田。

东晋时，长江流域便出现由泥沙自然淤积水草，日久浮泛水面而形成的一种自然土地，有人开始利用这种土地种植水稻等作物。东晋郭璞的《江赋》中，有"标之以翠翳，泛之以浮菰，播匪艺之芒种，挺自然之嘉蔬"的文句，其中的"泛之以浮菰"，可能指的就是漂浮在水面上的葑田，"芒种"与"嘉蔬"则指的是长于葑田之上的水稻之类的作物。葑田之名最早见于唐代，唐代秦系的《题镜湖野老所居》中有："树喧巢鸟出，路细葑田移。"宋代范成大《晚春田园杂兴》第七首中写道："小舟撑取葑田归。"宋代陈旉《农书》卷上："若深水薮泽，则有葑田，以木缚为田丘，浮系水面，以葑泥附木架上而种艺之。其木架田丘，随水高下浮泛，自不淹溺。" 宋代胡仔《苕溪渔隐丛话》前集引《蔡宽夫诗话》称葑田"动辄数十丈，厚亦数尺……如木筏然，可撑以往来"。唐宋时期，江浙、淮东、两广一带都有葑田，其分布范围已经相当广泛。

宋代，千顷碧波的杭州西湖上就曾经漂浮着这种葑田。《宋史·河渠志七》中有："临安西湖周回三十里，源出于武林泉。钱氏有国，始置撩湖兵士千人，专一开浚。至宋以来，稍废不治，水涸草生，渐成葑田。"西湖葑田发展到鼎盛期，一度使湖面迅速萎缩，灌溉能力越来越弱，甚至连市民生活用水也无法满足，最终成为一大隐患。北宋元祐四年（1089年），苏东坡再次赴任杭州，任知州。次日重游西湖，发现西湖湖面一半成了葑田，非常忧虑，立即组织人力调查踏勘。北宋元祐五年（1090年）四月，苏东坡向宋哲宗呈送了一份奏议，即《杭州乞度牒开西湖状》，其中预言："水浅葑横，如云翳空，倏忽便满，更二十年，无西湖矣。使杭州而无西湖，如人去其眉目，岂复为人乎！"苏东坡还从养鱼、饮水、灌溉、助航、酿酒等方面列举了疏浚西湖的 5 条理由。获得哲宗批准后，苏东坡便招募民工，将葑田挖起筑成长堤，也就是今天的苏堤。

《宋史·苏轼传》中有："（轼）以余力复完六井，又取葑田积湖中，南北径三十里，为长堤以通行者。"苏东坡的这篇奏议，虽然时隔900年，但如今看来依旧充满一位政治家的深谋远虑。当年的苏东坡从民生大计出发，挖葑泥筑长堤改变了西湖的命运，成为疏浚西湖最精彩的一笔。

据说在遥远的墨西哥城附近的阿兹台克有一种浮田，其基本构造类似于我国的架田，先用芦苇扎成筏子，再在上面加泥土，而后种植蔬菜和玉米，当地人称之为"Chinampas"。这一称呼不禁让人浮想联翩，它可能与中国的架田存在某种联系，可能在哥伦布到达美洲之前，新旧大陆之间早已发生过文化上的交流。但也有学者认为，阿兹台克人是印第安人的一支，他们自古有种植浮田的传统，因此浮田应是起源于中美洲的独特农业系统，与中国的架田并无关联，只是巧合而已。

2016年9月，江苏兴化垛田传统农业系统与墨西哥城浮田系统成功"结对子"。在农业部积极联系和推动下，江苏省兴化市农业局与墨西哥城遗产管理局签订了《农业文化遗产合作交流备忘录》，双方将在农业文化遗产保护、农产品推介及休闲农业等方面开展交流与合作。也许通过这种合作和交流，未来我们能够真正考证出兴化垛田的起源。

关于兴化垛田产生的真正原因，卢勇等学者结合当地县志、名人笔记考证后认为，垛田产生的首要因素应当是该地生态环境的剧烈变迁。兴化地处江苏中部的里下河地区，位于古时射阳湖核心区南域。但自元代起，射阳湖已渐渐遭受黄淮泥沙的侵蚀、淤填而面积缩小，元代文学家萨都剌有《雨中过射阳》诗云："霜落大湖浅"，"菰蒲雁相语"。从这些诗句中我们可以推知元代射阳湖虽然很大，但菰蒲等水生植物生长茂密繁盛，其沼泽型湖泊的特征已很明显。明清时期，特别是在潘季驯固定河床，蓄清刷黄以后，大量黄河泥沙在苏北平原及附近沿海堆积下来。兴化地区的湖泊日益淤浅为滩地。泥沙的陆续淤填，又使湖泊内的水位抬升，向四周低地流散，进而又使周围低地化为沼泽水荡，这和我们今天在垛田镇和缸顾乡看到的情境极为类似。这种沼泽水荡的出现，为垛田的诞生提供了自然条件和物质基础。但由于黄河南下夺淮，明朝政府为保明祖陵和漕运，长期执行"黄淮合一，束水攻沙"的治水方针，黄淮二渎归一，淮河流域承担了流域面积是其 2.8 倍的黄河的全部洪水泄量，淮河流域不断被泥沙淤积，汛期上游来水与中下游泄洪的能力相差逐渐悬殊，入海通道严重受阻，兴化地区水患频繁，民不聊生。

因此，无论埃田究竟起源于何时，有一点是明确的，即勤劳智慧的兴化先民为了适应环境变迁，抵御频繁发生的洪涝灾害侵袭，于茫茫水乡泽国中求得一线生机，便选择稍高的地段，垒土造田、挖淤筑岸，形成了一个个岛状土埃。埃田的地势一般很高，要大大高于当地的整体地形地势，远远望去，就像是从水中高高冒出的一座座小岛，高的高出水面可达四五米，低的也有两三米。如此高的地势，在面对频频来袭的洪水灾难时，埃田的主人基本可以高"埃"无忧了；而且高高的埃田，除了平面，还有四周的坡面，都可以栽种各种作物，维持生产，在涝灾之年至少可保一家口粮无虞。人口增多需开辟新的田地是埃田出现的另一原因。明清时期兴化商贾云集，百业兴盛，人口增长很快。据《（咸丰）重修兴化县志》（梁志）卷三《食货志》记载，自元至明清时期，兴化地区人口增长 30 多倍。尤其是在明代中后期及清康乾盛世时期，兴化人口增长尤为迅猛。在当时农业科学技术没有显著革新的情况下，人口增长的压力只能靠增加田地来解决。据统计，明清时期兴化共增加田地近20万亩。此时所增加的田地最大可能应该是在湖荡河沟间开辟的埃田，这是兴化埃田得以诞生的重要经济原因。

根据当地老农的说法，埃田堆积的通常做法是在较浅的湖荡河沟间罱泥扒苲[3]，一年几次往埃上浇泥浆、堆泥苲，如此反复劳作，埃田便以每年几厘米至十几厘米的速度逐渐"长高"。这也符合环境变迁导致埃田诞生的推测，因为在水深浪急的大湖大江地区，埃田是根本不可能轻易堆砌成功的。经过数百年的辛劳付出，兴化埃田逐渐形成了一种天人合一的独特土地利用方式和农业生产系统，与周围环境和谐统一。它是兴化人利用自然、改造自然并与自然和谐相处的典范，也是里下河地区农田防洪的杰作。

这种完全以人力堆造垛田的伟大工程一直延续到20世纪90年代，直到兴化境内基本没有可供开发的湖荡浅滩为止。魏老爷子还记得东旺村20世纪六七十年代新建垛田的事，农闲时由生产队安排壮劳力集体堆垛子，由于这是个重体力活儿，一天能挣三四个工分。魏老爷子提起"当年勇"仍然倍感自豪，那时他才十八九岁，已经可以参加堆垛子了，一人负责四五十厘米，几十个人一天下来就能起个垛子。

20世纪60年代之前，垛田一般都是很高的，高的有四五米。到了20世纪60年代后期，人口的迅速增加给原本人均耕地不足半亩的兴化农民带来了新的难题，加上水利环境的改善，洪水的威胁已大大降低。于是有人就发明了一种扩大垛田面积的办法，叫"放岸"，就是将高垛挖低，挖的土将小沟填平，相邻的两三个垛子连成一片，或者向四面水中扩展，垛田面积一下子就可以扩大许多，还可以省去浇水翻圩塘的繁杂，一举两得。那一时期，每到冬季，大部分男女劳力都被生产队安排去"放岸"，一时形成了热潮。后来农民拥有了对垛田的自主权，就有很多人将垛田土这种宝贵的资源卖给当地砖瓦厂或城里的建筑工地。于是大量的垛田变矮了、变大了，失去了昔日高高低低、错落有致的格调，失去了星星点点于碧波荡漾之上的韵味。今天我们在公路沿线看到的垛田，很多是改革开放以后当地农民的新作。这种"新生代"的垛田大约占了垛田总面积的1/4，一般既低又窄，离水面的高度大多不足1米，宽不过几米，易浇水、易施肥，收获蔬菜也易于搬运。但是这些垛田已然失去了传统垛田高高低低、错落有致的格调和美感，加上现在很少有菜农每年几次往垛田上浇河泥、堆泥苲帮它"长高"，这些垛田随着水土流失只会越来越低，这可能会对垛田的生态系统和蔬菜种植产生一些负面影响。

注释

[1]　咸丰三年（1853年）知县梁园棣重修。

[2]　戽水指将水从较低的一端提到较高的一端，是一种抗旱灌溉技术。戽水的工具有戽斗、戽水瓢等，兴化埚田地区戽水的工具是戽水瓢。

[3]　罱泥指用罱子捞取河底淤泥用作肥料，扒苲指用苲耙捞取湖泥与水草的混合物用作肥料。

万寿花海（朱宜华摄）

"三十六垛"和"七十二舍" 04

兴化数以千计的村舍乡镇,如散落水乡大地的群星,其地名丰富多彩,最能体现兴化水乡特色的当数"三十六垛"和"七十二舍"。在过去的时代,一个大的垛子便是一个姓氏的聚落,什么何家垛、翟家垛、仇家垛、王家垛、沙家垛……村里老人一开口便能说出一大串来。但历史上到底有多少叫"垛"的村庄,谁也说不清……

垛田的"垛"字，兴化音同"舵"，《广韵》中有载"垛，射垛"，兴化音跟《广韵》合，但义不合。有学者认为，当初用这个字可能由玄应所撰的《一切经音义》卷十二所引《通俗文》"积土曰垛"引申而来。

在水乡兴化，有大大小小、形状各异、数也数不清的"垛"子。通过历代先民不间断地垒土垫岸，垛子越积越多、越积越高，便形成了迷宫似的垛田地貌。刘春龙在《那垛，那人，那歌》中写道："那漂浮在水面上的一个个垛子，大小不一，形状各异，宛如一座座岛屿，茕茕孑立；恰似一堆堆麦垛，默默守望；就像一颗颗星星，熠熠生辉。"

兴化数以千计的村舍乡镇，如散落水乡大地的群星，其地名丰富多彩，最能体现兴化水乡特色的当数"三十六垛"和"七十二舍"。在过去的时代，一个大的垛子便是一个姓氏的聚落，什么何家垛、翟家垛、仇家垛、王家垛、沙家垛……村里老人一开口便能说出一大串来。但历史上到底有多少叫"垛"的村庄，谁也说不清。总之，垛田地区以"垛"为名的村庄太多，而兴化人又偏爱"六六大顺"一类的数字，于是就把这些与垛相关的村庄统称"三十六垛"。可以说，"三十六垛"就是垛田的乳名。

不知从什么时候开始，兴化便有了东门外"三十六垛""七十二舍"之说。20世纪50年代以前是没有垛田镇的，"三十六垛"以何家垛为中心，在后来的车路河两岸呈南北双翼展开，其中当数何家垛最大，也最有名。何家垛，原名叫何梅垛，也就是原来的何垛村，现在跟北凡村合并组成"新联合村"，1957年至1993年间都是垛田乡政府所在地。过去垛田人外出时人们问起："你是哪块的？""垛上的。""哪个垛的？""何家垛的。"过去，人称何家垛有"三十六把茶壶，七十二件大褂子"，是说捧茶壶、穿长衫的"行老板"很多。当时这里的船行、八鲜行、靛行、草行沿着夹河两侧一字排开，很是繁华，其中船行最多，号称里下河地

晨曦知春早（王少岳摄）

区的船舶交易中心。当时兴化的造船中心竹泓镇的木匠把木船造好后，都撑到何家垛来销售。后来，这些传统行业逐渐衰败，直至消失。

"舍"原来是指规模小的庄子，有的"舍"人家极少，只有两三家甚至一家的，远离其他村庄，称为"单头舍"。当然，也有不少"舍"后来发展成规模相当大的村庄，如南腰、孔戴等。"七十二舍"中数戴家舍最大。戴家舍原名上三灶、九里港，后称湖南庄、戴家庄，清康熙年间易为现名。戴家舍人不但利用得天独厚的自然环境孕育了丰厚的湖荡文化，而且凭借自己的聪明才智创造了物质文明。清代他们培育出的露果，爽口味微甘，汁流满嘴香，作为贡品深受宫廷贵胄的青睐。遗憾的是，当地的这一水果佳品已绝种于战乱之中。戴家舍南濒梓辛河，与

垛日春雾（王少岳摄）

南荡古文化遗址隔河相望。1990年冬，戴家舍群众开发距庄南2.5千米的南荡，在荡中出土了麋鹿角、骨亚化石，陶鼎、壶、瓮、鬲、盆等生活器皿，以及石刀、锛、镞、凿、骨锥等生产用具。1991年至1992年秋冬，经南京、扬州博物院的考古专家考证，早在4000多年前的新石器时代，先民们已在地处海湾边的南荡中从事生产劳动、繁衍生息了。作为兴化境内首次发现的史前文明遗址，南荡遗址的出现把兴化人文溯源向前推进了2000多年。

中华人民共和国成立以后这"三十六垛""七十二舍"划并成40多个大队，后来成为44个行政村，定名为垛田。历史上，垛田地区的行政区划和隶属关系变动频繁，于1956年设立垛田工作组，1957年开始设垛田乡，1958年改为垛田人民公社，1979年复称垛田乡，2000年撤乡并镇为垛田镇。戴家舍在中华人民共和国成立初期属垛田人民公社管辖，后因多种原因划归林湖乡。

如今垛田镇全境共有49个自然村庄。历史上垛田镇以"垛"为名的村庄居多，如张皮垛、何家垛、翟家垛、小徐垛、大徐垛等。有人统计过，垛田地区曾有二十来个以"垛"为名的村庄，但现在越来越少了。"三十六垛"对于垛田地区只成为一个想象性的历史描述。早在30多年前的一张垛田地图上所标的"三十六垛"，就只剩6个。这6个垛是刘家垛、翟家垛、沙家垛、何家垛、仇家垛、王家垛。在垛田本地人的口述中，还有费张垛、大徐垛、小徐垛、严家垛、麻羊垛等。1992年的一份由姚卿云搜集的地方知识文本中，记录有18个当时搜到的带"垛"的地名。许多村庄"垛"名逐渐消失的原因，可能与20世纪50年代至80年代兴修水利、不断开河筑圩有关。新开的河道与圩堤改变了垛子的结构，形成了一些新的居住地。例如北腰与南腰仅有一河之隔，就因开河的影响，过去的垛子村被一分为二。

　　现在兴化仍然有许多地名带"垛"字,例如带"垛"的镇名有垛田镇、大垛镇、荻垛镇、新垛镇;带"垛"的村名有垛田镇的王垛村、垛田水产村,临城镇的曹垛村,荻垛镇的荻垛村,戴南镇的帅垛村,西鲍乡的肖垛村、高垛村,等等。在泰州地区,很多以"垛"为名的村庄早已没有垛田,只剩下名称了,如高港的赵家垛、彭家垛、窦家垛,姜堰区的蒋垛、梅垛、孔家垛,等等。

　　兴化的村庄以"垛"为名并不稀奇,但稀奇的是,这数以万计的垛田很多也有自己的名字,并且很少有雷同的。它们有以形为名的,圆的叫"黄烧饼",长的叫"长岸",一头大一头小的叫"钻头子";有以主人为名的,如沙家垛子、张家垛子、王家垛子、李家垛子等;还有以所种蓼蓝可产多少蓝靛为名的,如六缸水、七缸水、八缸水、九缸水、五十等。20世纪30年代以前,垛田长期盛产蓼蓝,很多人家都有用于沤制蓝靛的大缸,一般一分[1]地上种出来的蓼蓝大约能装满一缸,能沤制一缸水,垛田人便以几缸水作为土地面积的计量单位,六缸水就是6分地,五十就是5亩地。

　　不过,"垛"也好,"舍"也罢,这里的田地都是垛子,这里的作物基本都是蔬菜,这里的人都是"垛上人"。有人说,垛田是兴化人与自然抗争的产物,那星罗棋布的垛田便是兴化人跟水灾抗争的印迹。

　　"三十六垛上,茄儿和架豇",这句兴化城乡广为流传的民谚告诉人们,夏秋之际,大量的茄子、豇豆上市,这些蔬菜都来自"三十六垛"。当然,垛田出产的蔬菜远不止"茄儿和架豇",有近百个品种,其中尤以芋头、香葱、韭菜和萝卜最为有名。清末以后,在兴化城及周边集镇出现了许多"八鲜行",是专做地产水果时鲜货贸易的,面向苏北、苏中甚至苏南批发经营"三十六垛""七十二舍"生产的瓜果蔬菜。所谓"八鲜",据清李斗《扬州画舫录·草河录上》中记载,是

雾漫花海（王少岳摄）

指"菱、藕、芋、柿、虾、蟹、车螯、萝卜"。民间俗称则有"上八鲜"、"下八鲜"和"水八鲜"之分。"上八鲜"是树上结的水果，有桃子、杏子、梨、柿子、枣、枇杷、山楂、荔枝；"下八鲜"也称"土八鲜"，是地里长的蔬菜水果，有甘蔗、西瓜、山芋、百合、萝卜、青葱、生姜、土豆；"水八鲜"，也称"水八仙"，是水里产的蔬菜，有茭白、慈姑、荸荠、菱角、芡实（鸡头米）、水芹、芋头、荷藕。"八

鲜行"泛指经营这一类瓜果蔬菜，但不具体指哪8种。

"三十六垛"中最有名的除了何家垛，还有大徐垛、小徐垛、翟家垛、张皮垛、花园垛等。过去在兴化城及东郊一带还流传着这样的民谚："大徐垛的麻线，小徐垛的葱，翟家垛的叽菜喊得凶"，说的便是过去人称"垛田三宝"的麻线、香葱和叽菜，以及出产"垛田三宝"的大徐垛、小徐垛和翟家垛。

大徐垛是垛田镇杨花村的一个自然村，虽然名叫大徐垛，但比小徐垛小，才有几十户人家。据垛田的老人说，明朝的状元宰相李春芳就是大徐垛的女婿。后来为了方便李春芳和夫人回家省亲，地方乡绅为其修建宅院，共计房屋30多间，后来按照李春芳的意思改为寺庙，取名上方寺。据说清乾隆皇帝曾来过上方寺，并亲赐方竹禅杖和黄马褂，从此上方寺香火旺盛。大徐垛的垛田不多，当地妇女就搞起了纺麻线的副业，那时老百姓都穿布鞋，要用麻线纳鞋底，所以麻线很好卖，而大徐垛的麻线更是以品质优良而著称。

小徐垛历来以盛产香葱且品优质佳而闻名。据小徐垛的老农介绍，自宋朝他们徐氏第一代宗祖到这儿落脚安家、开荒挖垛种菜，就开始种植香葱了。小徐垛种植的是"课葱"，品质优良，产量也比当时普遍种植的"女儿葱"高得多，与今天垛田普遍种植的"垛田香葱"也有所不同，被称为兴化"第一葱"。

翟家垛在车路河南岸，就是现在垛田人所称的"翟家"，2001年与凌沟合并为凌翟村。它曾是垛田地区离兴化城最近的村庄，距离一二千米。这个村绝大部分人姓翟，翟姓一族在这里已聚居数百年。1949年前，这里很穷，大多数人家住的是低矮窄小的茅草房，屋内还烧着"泥锅厢"[2]。不少人在初夏季节制作叽菜到城里去卖。叽菜，实际是一种用小青菜制作的酸菜，口味酸叽叽，故被称为叽菜。叽菜的原料是俗称"连根菜"的小青菜，翟家人有传统的叽菜制作技艺，制作的叽菜酸里透香，脆而不烂，是兴化人初夏时节最喜欢的小菜。

张皮垛就是现在的张皮村，位于垛田镇的西南部。兴化过去流传着一首曲调凄婉悲凉的民歌，叫《张皮垛哭青菜》，由于这首民歌，张皮垛在兴化家喻户晓。歌词描写了解放战争时期，国民党军队和还乡团欺压百姓，使得垛田菜农难以生存的情景。民歌的作者张松曾经是张皮垛的一个普通农民，后来参加了共产党领导下的游击队。为了发动群众教育战士，张松移植了民间小调《小小娘》的曲子，编创了《张皮垛哭青菜》这首民歌。

提呀起的个青哪菜真哪悲伤，苦伤心儿哟，起呀早的个带呀晚哪，把把垛上呃哟。浇水浇粪日夜忙呃，我的亲娘呃！

百嘎合的个茎哪子木哇耳样呃，嫩得凶哟，青哪枝的个绿哇叶嘎，排成行呃哟，一天天往上长呃，爱煞人儿哟。

谁呀想的个到哪了个孬哇中央（指国民党中央军）呃，害人精儿哟，日嘎编的个保哇甲嘎，夜站岗呃呃哟，一天不准下田庄呃，急煞人儿哟。

七八天的个不准下呀田庄呃，坏透顶儿哟，没那人的个田那望呃，苦伤心哟，菜枯叶子黄呃，不能卖儿哟。

恨哪人的个不哪恨旁呃一个呃，孬中央儿哟，还乡团的个领哪路哇，来都呃哟，弄得我家，家破人亡呃，杀千刀儿哟。

花园垛位于垛田镇杨花村西部，是个很小的自然村。明朝永乐年间，工部员外郎徐谧辞官返回故乡兴化，并在当地建成了一座园林式庄园，即徐氏庄园，该庄园建筑精美，环境幽雅，闻名遐迩。在庄园中，徐谧饲养了一只乖巧、机灵、颇通人性的天鹅。当时的谨身殿大学士高谷作诗表示敬佩之情："千年乔木荫家山，隐处殊非九曲湾。诗酒琴书唯遣兴，老年难得似君闲。"后来，徐谧在徐氏庄园里去世，天鹅因眷恋主人悒悒而亡，一时传为佳话。明宣德年间，担任顺天府（今北京市）同知的徐谧之孙徐大经在徐氏庄园附近建了问鹅亭，同时扩建了徐氏庄园。后来，兴化名士徐来复作了一篇情景交融的《问鹅亭记》，盛赞了徐氏庄园的景色之美，并赋诗抒怀："九曲湾溪处，孤亭有问鹅。大都人客少，只是来云多。野鸟冲青霭，游鱼趁碧波。夕阳平野暮，时听采莲歌。"后来徐家逐渐衰落，徐氏庄园长期无人管护，逐渐衰败颓废，周围村庄的菜农便来此垦荒、种植蔬菜，最终形成了今天的花园垛。

在城郊的下甸村，人们传说垛子是大禹治水时前往东海求取定海神针时留下的脚印，所以他们的村子又叫"夏甸"。在这个传说中，大禹被夸大为一个伟岸的神人，这一传说也为当地烙下了人文印记。戴窑镇的护驾垛，据说与唐太宗李世民有关。相传有一次他躲避隋兵的追击来到兴化，得到当地一户刘姓人家的帮助，当他位登大宝后，赐名这户人家居住的垛子为护驾垛，以示不忘旧恩之意。周庄镇的摆宴垛，据说是元末起义军领袖张士诚进军苏州时歇脚的地方，当年他在此宴请13位英雄好汉，并题下"等我来"的匾额。安丰镇的莲花垛则有一个嫂救溺姑、姑嫂俱亡，而后口生莲花的传说。

如今兴化正流行一首民歌，叫《三十六垛上》，是《歌声洒满三十六垛上》音乐电视片中的歌曲，这首歌曲以"三十六垛"为背景，用新民歌的体裁，展示了水乡儿女纯真的爱情、淳朴的情感，歌词朴实、纯情，旋律优美动听，也唱出了水乡的美丽风光和垛田人的情怀。

一条条小河哟，流过三十六个垛，哪一个垛上住着，住着我的哥哥；水恋垛啊垛恋水呀，哎呀我的哥哎呀我的哥，你可猜出妹妹的愁，猜出妹妹的愁。

一声声渔歌哟，飘过三十六个垛，哪一条船上住着，住着我的哥哥；鱼戏水啊水戏鱼，哎呀我的哥哎呀我的哥，你可听懂妹妹的歌，听懂妹妹的歌。

一阵阵秋风起，吹过三十六个垛，湖上住着我的哥哥，住着我的哥哥；一阵阵秋风起，吹过三十六个垛，湖上住着我的哥哥，住着我的哥哥；月望水啊水映月，哎呀我的哥哎呀我的哥，歌声洒满垛，哎呀我的哥哎呀我的哥，歌声洒满垛，歌声洒满三十六个垛。

　　"三十六垛"很多都有自己的故事。每一个有故事的垛子都是祖先留给垛田人的宝贵文化遗产。那些与垛子相依相伴的传说故事，也留下了各个时代垛田的历史印记。我们今天看来，"三十六垛""七十二舍"等古地名应该尽量保留，这些传说故事也应该认真发掘整理。从地理文化角度看，"三十六垛""七十二舍"等地名和传说故事反映了当地当时的某些自然或人文地理特征。从历史文化角度看，"三十六垛""七十二舍"等地名和传说故事是历史发展的产物，是兴化文化和垛田文化的活化石，也是一种值得保护的文化象征和文化遗产。

注释

[1]　1分约等于66.67平方米。
[2]　"泥锅厢"是一种由河泥拌和稻草垒砌而成的简易土灶，像袖珍泥瓮子，在其一侧下方开个口，上面安放一口小锅，下面可烧火用于做饭。

垛田油菜花（王少岳摄）

Agricultural
Heritage

——"五湖八荡"的传说 05

在兴化，素有"五湖十八荡""莲花六十四荡"之说。兴化人往往将"湖""荡"并称，不分彼此，实际语义上没有明显的不同。例如平旺湖又称黑高荡，郭正湖也称南荡，蜈蚣湖亦称花粉荡。但是"荡"同时还是村庄的通名，如高家荡、沈家荡、杨家荡等……

　　兴化境内河道纵横，湖荡棋布，当我们乘车驶过兴化的乡野，尤其是西北部中堡、缸顾、沙沟那些兴化最低洼的乡镇时，每隔四五分钟就能看见一条阳光下波光粼粼的湖荡或河流。兴化与水有关的有趣地名丰富多彩——湖、荡、河、港、湾、汊、津、浦、泓、沟、泊、潭，带着兴化水乡鲜明的地域特色，让人感觉带着湿漉漉的水汽。

　　在兴化，素有"五湖十八荡""莲花六十四荡"之说。兴化人往往将"湖""荡"并称，不分彼此，实际语义上没有明显的不同。例如平旺湖又称黑高荡，郭正湖也称南荡，蜈蚣湖亦称花粉荡。但是"荡"同时还是村庄的通名，如高家荡、沈家荡、杨家荡等。一般以"荡"为名的村庄地势低洼，容易积水，原本是湖泊，后来逐渐干涸成为聚落，只是名称没有改罢了。

　　兴化"五湖十八荡"之说由来已久，但如今剩下的大概只有"五湖八荡"了。"五湖"一般是指大纵湖、蜈蚣湖、郭正湖、平旺湖和得胜湖这五大湖。此外，兴化历史上著名的"湖"还有许多，如"岸多白沙"的白沙湖、"隋末有千余人避难"的千人湖、"湖多产鲫鱼"的鲫鱼湖，等等，这些湖大多分布在兴化西部和西北部地区，构成了湖泊群。据《（咸丰）重修兴化县志》（梁志）记载，"兴化泽国也"，境内有"七湖""五溪""六十四荡""五十二河津浦港"，水面积近半。这"七湖"具体指的便是今大纵湖、蜈蚣湖、平旺湖、得胜湖、白沙湖、鲫鱼湖和千人湖。"十八荡"之说或远不止此数，但"六十四荡"之说已无法查考。兴化乡间以"荡"命名的水域不胜枚举，但今天"十八荡"中很多河荡已难访踪迹，留下比较有名的"八荡"是指乌巾荡、团头荡、官庄荡、王庄荡、广洋荡、花粉荡、沙沟南荡和癞子荡。

　　兴化"五湖八荡"的由来大多有各种美丽的传说，体现了兴化独特的水文化。其中，大纵湖和蜈蚣湖的由来都与"中堡子"的传说有关。大纵湖位于兴化西北部，大纵湖湖心是古时兴化与盐城的分界线，这一格局至今依然如此。蜈蚣湖在古镇中堡，是传说中隐士吴公退隐之处。相传，兴化城正北22.5千米的地方有一座"大挡城"，城内有一名孝子，名叫中堡子，年幼丧父，母子二人相依为命。中堡子靠卖水营生，养活老母，每顿饭都是先让母亲吃饱了，自己才吃，所以经常忍饥挨饿。一天观音菩萨掐指一算，大挡城将有地陷之灾，为了拯救那些孝子、善人免遭灭顶之灾，便化装成民妇下凡，来到大挡城卖烧饼。凡来买烧饼的，她都问声买给谁吃，买饼的人大都回答是买给儿孙们吃，或者自己和家人吃，观音菩萨一边卖一边叹息。这时，中堡子来买一个烧饼，观音菩萨问他一个烧饼买给谁吃，中堡子说买给老母亲吃。观音菩萨听了满心欢喜，悄悄地尾随其后看个究竟。果然看到中堡子一个芝麻都不碰，小心翼翼地把烧饼递给母亲，等母亲吃完了他才出门。第二天，中堡子又来买了一个烧饼，观音菩萨就把中堡子叫到旁边，悄悄告诉他大挡城马上就要地陷，你看到祠堂门口的石狮子眼睛红了，洪水就要到了。那时你赶紧回去背你母亲往南跑，记住不要回头看，也不要告诉别人。观音菩萨说完就不见了。从此，中堡子每天都要到祠堂门口好几次。祠堂里设了一座学馆，有好多小孩在这里读私塾，学生们看到中堡子每天都来好几趟，盯着石狮子眼睛看，大家感到好奇，问他他却什么也不说就跑掉了。这天，中堡子又来看石狮子，几个大一点的学生悄悄地将中堡子的扁担藏了起来，逼问中堡子每天看石狮子的原委，中堡子卖水心切，忘记了观音菩萨的嘱咐，就把事情一五一十地告诉了几个学生。当天晚上，这几个学生就用毛笔在教书先生的朱砂盒里蘸了朱砂红，把一对石狮子的眼睛涂红了，准备戏弄中堡子。第二天一大早，中堡子挑着水担子来到祠堂前一看，石狮子眼睛通红通红的，吓了一跳，扔下挑水担子拔腿就往回奔跑，一口气跑到家，背起老母亲就往南奔，只听见后边隆隆炸响，天崩地裂，洪水滔滔。中堡子背着老

大纵湖（朱宜华摄）

　　母亲拼命奔跑，跑了五六里路实在跑不动了，就在一座高墩子上让老母亲下来歇口气。这时，只见洪水越过头顶，腾空而过，飞泻到前方，很快前面的农田也塌陷下去，被洪水所淹没，形成一个大大的湖泊。中堡子歇脚的地方，前后都是湖泊，像一座岛屿，后来就发展成中堡庄。中堡庄南面的湖就叫南湖。后来，宋代隐士吴高尚隐居湖畔，人们便改称南湖为吴公湖，即今蜈蚣湖。中堡庄北面的湖是大挡城沉陷而成，数万民众葬身湖底，人们便把此湖定名为大众湖。随着时光流逝，大众湖被改称为大纵湖。

　　得胜湖的传说与抗金英雄张荣有关。得胜湖古名缩头湖，缘于湖边一个个垛田岸，就像老鳖的头伸向湖中，当湖水上涨，垛田淹没，好似老鳖全部缩头，故名缩头湖。得胜湖是个有名的古战场遗址，《宋史》中的"缩头湖大捷"即发生于此。据说，南宋绍兴元年（1131年），抗金英雄张荣为了阻止金兵南下，从水泊梁山转战至骆马湖、淮安潭湖一带，最后率兵与兴化一带的渔民义军郑握、孟威、贾虎会合，来到缩头湖，结成"水浒寨"。充分利用缩头湖湖广水多、蒲草丛生、河港四通八达的地形优势，组织四乡八舍的村民配合义军，将通湖河道只留几个活口门，其余全部打下"闷头桩"（指将木桩打入水中，不露顶梢），组成"迷魂阵"。"水浒寨"义军熟悉出入湖的线路，在湖中畅通无阻，外地人包括当地不知情的农民入湖则寸步难行。湖泊周围一座座互不相连的垛岛，组成"八卦阵"。张荣率领义军与金兵交战，边战边退，从湖西口诱敌深入，金兵5000多人追击张荣，见到大湖拦住去路，就从当地强征民船200多条，载兵入湖搜寻。当金兵进入湖中，张荣鸣号四面封湖，擂鼓出击。那些金兵都是一群"旱鸭子"，在小船上一晃悠，一个个晕头转向，行船船受阻，登岸路不通，四周杀声连天，万箭齐发，最后金兵全军覆没。为了纪念这次抗金胜利，乡民们便把缩头湖更名为得胜湖。

郭正湖的由来也有一个传说。相传兴化西郊草荡中有个百十户人家的郭兴庄，庄上有个道士积德行善，闻名乡里，受到人们尊重。后来，道士到沙沟西南湖边隐居，得道成仙，郭兴庄从此便更名为郭仙庄，庄上还建起了"仙堂"供奉仙人道士。古代人们称道士为"真人"，因此道士隐居得道的湖泊便被称为"郭真湖"。20世纪50年代政府部门测绘地图时，由于村民口音的关系，测绘人员把郭真湖误听成郭正湖，于是郭真湖便成了郭正湖。

关于美丽的平旺湖和湖中的过云山，也有着不少传说。平旺湖原名平望湖，位于兴化城西北部，下官河穿湖而过，湖东东旺村，湖西陆家庄，湖南黑高庄，湖北东罗庄、西罗庄，四至清楚，四庄平湖，史书上简称"四望平"，因此称"平望湖"。相传明末清初，平望湖一片荒废，看不到碧绿湖水，不见鱼游虾跳，到处杂草丛生，死寂沉沉，成了一个无价值的"黑泡汤（又称黑高汤）"。有一天下官河上漂来一叶小舟，舟上有一位女士，说此黑高汤中有一朵白色宝莲，愿出重金购买，就与黑高庄的地主以三斗白银成交，东旺村的地主得知后，前来争论并说此湖是东旺村用百亩良田换来的，要求平分这三斗银，否则不让进湖。这位女士看船不能入内，便足踩荷叶来到白莲处取走白莲，白莲下的一片荷叶即浮出水面，变成了一座土山，即今天的过云山（也称观音山）。

传说终归是传说,但此地也确有些奇妙之处。平旺湖地势低洼,每逢大雨,周边多处村庄农田受淹,然而无论发多大洪水,过云山竟从没被水淹过。当地老人都说此山是"荷叶地",是漂在湖上的,所以发多大水也淹不了。久而久之便演化出此山是受观音菩萨点化,更引出了"白银三斗建三庵"的传说。这3个庵堂,便是荷叶地上的观音庵、东旺村的莲花庵(石庵)、黑高庄的白莲庵(东庵堂)。对此神奇现象,当地水利专家的解释是,过云山高出湖面三四米,平旺湖周边河网密布,洪水来临,可以迅速向周边泄洪,因此过云山很难受淹。

兴化城北郊的乌巾荡是"八荡"中最负盛名的。古书中称,古时的乌巾荡"风浪极险","夜行,船莫知所向",于是有好义之人于北门窑尾大王庙前设立灯杆,指引夜间迷途的船民。关于乌巾荡名称的来历众说纷纭,流传有很多传奇故事。

第一种是"岳飞抗金说"。传说当年岳飞追杀金兀朮至兴化北湖,金兀朮人马慌忙渡湖,岳飞见无舟可渡,便张弓搭箭,将金兀朮包头的乌色头巾射落荡中。从此,人们把兴化北湖叫乌巾荡。也有人说,岳飞驻军旗杆荡,是张荣等四义士得胜湖大捷后,追杀金兵败将挞赖,一箭将挞赖的乌色头巾射落湖中。挞赖是金兀朮的手下战将,因此说的都是抗金的故事。

第二种是"乌巾题诗说"。著名作家沈光宇在《兴化民间故事》中讲述了这个传说:书生李凡,十年寒窗三度赶考仍名落孙山,于是隐居湖畔足不出户,情绪低沉不思茶饭。渔家父女得知详情,凌晨收网时渔女赠鱼挂在书生门外,供书生滋补身体。书生食鱼神情渐好,想知原委便深夜探视,被少女的行为感动,于是以乌巾题诗赠予少女。渔翁知情登门相劝,鼓励书生苦学应试。书生醒悟,专心致志,一举高中荣任府官,清正廉洁,服务民众,流芳百世。从此,湖荡以"乌巾"之名传为美谈。

　　第三种是"乌金沉荡说"。相传，古时候兴化城北荡子里一个渔民打鱼时捞到一条乌金链子，链子很长，一直往上拉，也拉不尽。眼见船舱满了，船体吃水太深，荡子里忽然乌风陡浪，天色转暗。这个渔民害怕，觉得这是神链，不该贪图非分之财，赶紧将乌金链子往水中放，直到最后一节，心中又有些悔意，觉得终不能见财化水，就用渔刀砍了一节，其余的全放进荡子了。回家一看，果然是乌金，渔民也由此小富。这个故事传开了，城北的荡子就叫成了乌金荡。

　　当代兴化学者郭保康等认为，"乌巾"在古代当为"乌旌"，意为玄旗，源于道教典籍中称北方玄武"皂纛玄旗，披发跣足"之说。按古代五行学说，北方为水，其色为玄，乌巾荡地处古城北郊，正应其说。

　　林湖乡戴家舍村南的南荡于1992年冬发掘了一处新石器时代晚期龙山文化遗址，距今约4000年，是江淮地区罕见的湖荡遗址。因南荡遗址的考古发掘，以及在江淮东部的高邮龙虬庄遗址、周邶墩遗址发现相同的文化遗存，因此该类文化遗存被命名为"南荡文化遗存"。南荡文化遗存属于河南王油坊龙山文化向南迁徙的遗迹，为江苏首次发现的移民文化遗存。南荡文化遗存表现出一种跨地域式的文化迁徙，也将兴化有人类活动的历史推至4000年前。

　　其他如大南门内升仙荡，城西门外西荡、垛田镇绰口荡、高家荡、周家荡、杨家荡、旗杆荡、癫子荡等共同构成了兴化版图上浩大的水域面积。"五湖八荡"盛产鱼、虾、蟹，成了兴化人民的聚宝盆。

　　清代，"滋生人丁永不加赋"的政策，使得兴化的人口快速增长，农业迅速发展，可耕地也得到充分开发利用。为了生存和发展，许多农民自发地在湖荡周围滩地上垒土成垛；一些农民在低洼荒地上圈圩垦荒发展农耕，将荒田开发成一年一熟的水稻老沤田，使得兴化的农田耕地面积逐年增加，也使得"五湖八荡"的面积不断缩减。民国初期，白沙湖、千人湖已经垦殖为农田，鲫鱼湖也演变成连片大荒田。

中华人民共和国成立后，党和政府带领人民群众"蓄泄兼筹"根治淮河，里下河地区加固了周边的堤防，疏浚河道、调整水系、整治四港，取得淮河洪水滴水不入里下河的成果。新建了江都翻水站，新开了泰州引江河，里下河地区实现遇旱引水，遇涝排水，把里下河地区的兴化常水位由 2 米降至 1.2 米，使得一大批荡滩露出了水面。为了把兴化的资源优势发展成经济优势，将近 40 万亩的沼泽地被改造成高产稳产农田。在改革开放的年代里，17 万亩荡滩被开发成高标准的精养鱼池；紧接着向湖泊进军，先将湖泊划分成大框格，做到围而不死、活而不遛，水照涨、鱼照养，水产水利兼得其利。后来为了提高养殖效益，改进养殖模式，将大框格又改造成小框格的精养鱼池。20 世纪 80 年代，兴化"五湖八荡"土地资源调查时实测面积有 8 万亩。这"五湖八荡"连同 3.9 万亩沼泽草滩、13.2 万亩的低洼荒田，组成了总面积达 25.1 万亩调蓄洪水的水库，能够有效控制和减缓汛期水位的快速上涨，使兴化汛期降雨水位控制在"下一涨三"以内，起到了很好的减灾作用。20 世纪末，兴化的湖荡得到全面开发，"五湖八荡"中的许多湖荡成为小湖小荡。

毫无疑问，兴化的特色和优势在水，"五湖八荡"是兴化宝贵的资源，但湖泊水域开发过度，会严重削弱湖泊防洪、除涝、调蓄等基本功能。近几年来，兴化政府逐渐意识到围垦和"提水养殖"给水环境带来的危害，目前兴化政府已经禁止新增"提水养殖"项目，逐步推进"退圩还湖""退渔还湖"工作：大纵湖全面禁网，蜈蚣湖开始退圩还湖，得胜湖、平旺湖开始退渔还湖，探讨"河长制"的落实。希望不久的将来，兴化的"五湖八荡"能够重现往日的风采。

乌巾荡（朱宜华摄）

"蔬菜之乡"与兴化香葱 06

垛田数量最多的垛田镇，现在的区划范围基本包含了兴化城东郊一带拥有垛田且以种植蔬菜为主
的村庄，是闻名遐迩的"蔬菜之乡"。垛田上蔬菜的经济产值甚至是普通乡田的10倍以上，垛
田菜农在有限的土地上做足了文章，西红柿、黄瓜、甘蓝、鸡毛菜、韭菜、茄子等应有尽有……

"三十六垛上，茄儿和架豇"，这是兴化长久以来广为流传的一句民谚。垛田人自古以来就以种植蔬菜为生，对于蔬菜栽培又有一套独到的方法，垛田上所生产的蔬菜无论是品质还是产量，都是大田种植不可比的。夏秋之际，大量的茄子、豇豆上市，人们在品尝这些美味的时候，自然而然就会想到这些都来自垛上。当然，垛田上出产的农作物并非仅有"茄儿和架豇"，也盛产各种瓜果蔬菜。据《兴化市志》记载，旧时垛田就已经种植了青菜、韭菜、芥菜、苋菜、香葱、青蒜、辣椒、莴苣、茼蒿、架豇、药芹、菠菜、萝卜、胡萝卜、芋头、蚕豆、豌豆、毛豆、扁豆、冬瓜、梢瓜、菜瓜、酥瓜、茄瓜、菱角、茭白等蔬菜。明代的"昭阳十二景"中，"两厢瓜圃""十里菱塘"则有力地证明了垛田种植蔬菜的悠久历史。

中华人民共和国成立后，随着人民生活水平的不断提高，垛田菜农种植的蔬菜瓜果品种也在"与时俱进"，先后引进了韭蒜、三红胡萝卜、洋葱、番茄、胡椒、黄瓜、西瓜、包菜、马铃薯、生姜、芫荽、刀豆、辣根、花菜、黄芽菜、大头菜、雪里蕻等品种。20世纪70年代，垛田年产蔬菜8.5万吨，八九十年代，垛田平均年产蔬菜约11万吨。其中，垛田蔬菜大约1/3供应本地居民，1/3销往南通、盐城、徐州、淮阴、扬州及山东、上海等地，1/3供脱水蔬菜企业加工外销。经过一代代垛田菜农对

垛田蔬菜出售（朱宜华摄）

兴化香葱收获场景（朱宜华摄）

蔬菜品种的筛选、更新，蔬菜种植在垛田越发兴旺起来，如今垛田所产蔬菜已经有近百个品种，尤以芋头、香葱、韭菜、萝卜最为有名。

　　由于垛田是在湖荡沼泽地带开挖河泥堆积而成的，土壤肥沃、土质疏松、养分丰富，加上面积不大，四面环水，光照充足，通风良好，易浇灌，易耕作，最适宜种植瓜果蔬菜。当地菜农都说，垛上因不便储水而难以种植水稻一类的粮食作物，只能种蔬菜。其实在 20 世纪五六十年代，垛田人也做过种粮尝试，希望粮食自给，于是不少村庄的菜农利用已经掌握的"放岸"技术，将大片的垛田挖低后连成一片再垒上圩埂，变成几亩、十几亩一块的粮田，在这片世世代代生长着各种蔬菜的土地上种起稻麦来。哪知道，抽水机往田里灌水后才发现垛田储不住水，灌足了水过一阵就没了，原来这新筑的圩埂新翻的土都漏水，土质也不对，根本不适合种粮食作物。

　　垛田数量最多的垛田镇，现在的区划范围基本包含了兴化城东郊一带拥有垛田且以种植蔬菜为主的村庄，是闻名遐迩的"蔬菜之乡"。垛田上蔬菜的经济产值甚至是普通乡田的 10 倍以上，垛田菜农在有限的土地上做足了文章，西红柿、黄瓜、甘蓝、鸡毛菜、韭菜、茄子等应有尽有。近年来随着特色蔬菜种植的兴起，各色蔬菜景观更成为垛田上一道亮丽的风景。

　　近些年来，垛田上最有名的蔬菜当数芋头和香葱。香葱原产于西亚地区，大约在唐代被引进我国，虽然兴化地区很早就有种植，但比起龙香芋还得算作"后起之秀"。明万历十九年（1591 年）修编的《兴化县新志》（欧志）卷二《地理之纪·物产》中就有这样的记载："诸蔬之品，则菰、蒲、萍、藻皆出于湖，莲、藕、菱、茨皆出于荡，芹、荸、水荇皆出于河，瓠、瓜、茄、芋皆出于厢，荸荠出于田，慈姑生于浅水，葱、韭、蒜、薤无地不宜……"由此可见，兴化栽植香葱有据可考的历史至少已有 400 多年。若以兴化"第一营"产地小徐垛老农的介绍为准，则小徐垛栽植香葱的历史至少有 800 年。

　　兴化香葱属分葱的一个变种，植株丛生，鳞茎不是特别膨大，虽开花但不结实，分株繁殖。兴化香葱的株高、茎粗、茎长、叶粗介于章丘大葱、胡葱与四季小葱之间，叶长和章丘大葱相等，虽产量低于章丘大葱，但分蘖性比章丘大葱强，口感也比章丘大葱嫩。兴化香葱色泽鲜绿、质地柔嫩、香味浓郁、营养丰富，含有特殊的硫化丙烯，具有增进食欲、预防心血管疾病的保健功效。兴化香葱经脱水厂脱水后的色泽、甜度都是普通乡田长的葱所不能比的，这使得它在脱水香葱中占有一席之地，是保鲜、脱水加工的理想原料和食品工业不可缺少的调味品。据说兴化香葱还申请了专利，加上了原产地保护标志。

　　"兴化香葱数垛田，垛田香葱数小徐"。小徐垛及其所属的垛田镇，是香葱生长的理想环境。兴化香葱的根为白色弦状须根，平均长为15~25厘米，无根毛、入土浅，主要分布在20厘米的土层中，吸收肥水能力较弱。其根系特点要求土壤疏松、富含有机质，既要保持一定的土壤湿度，又不能出现田间积水。而垛田的土质以沼泽土为主，富含多种微量元素，通风好，光照足，极易浇灌又难有水渍。垛田的菜农通过每天傍晚浇水来保持土壤湿度；垛田四周脱厢 [1] 的特点又很容易排除土壤中的多余水分，不至于使土壤水分含量过多。因此，兴化香葱对土壤肥力和土壤湿度的要求与垛田的各方面条件正好相吻合。

兴化香葱为四季分葱，全年都可栽培，一年四季均可分株繁殖，但适宜生长季节为春秋两季。其中，四五月份为春葱，气温、光照适宜，水分充足，土壤肥沃，分蘖旺盛，亩产可达万斤 [2]。10月至11月份为秋葱，昼夜温差大，也是分葱适宜生长的季节，亩产量为七八千斤。七八月份为伏葱，由于天气炎热，光照过强，分葱生长受阻，生长衰弱，品质老化，其间种植主要以留种为主，一般亩产量三五千斤。寒冬腊月为寒葱，生长缓慢，但品质优良，亩产量六七千斤。

垛田菜农大多具有丰富的蔬菜栽培经验，上了年纪的"葱把式"仍然习惯用传统方法种植香葱，对香葱的田间管理更是一丝不苟。香葱定植讲究密度适中；浇水讲究干湿相宜；移栽讲究季节差别，移栽前麦草覆盖，春葱应适当浅栽稀植，伏葱宜浅栽密植，秋葱宜稀，寒葱宜深栽密植；施肥讲究以有机肥为主，浅施基肥，增施钾肥；治虫以人工捕捉为主；等等。如此精耕细作，即便是最难"伺候"的伏葱，在酷夏季节也能长得枝青叶绿。

尽管兴化香葱栽植的历史久远，但过去只是作为供应厨房的佐料，种植面积很小，基本上处于自给自足的状态。在兴化乡村，农家通常于田头圩边、家前屋旁栽上一点，为的是方便自己需要的时候掐一些。即使专事蔬菜的垛田菜农，也是小栽小长、小买小卖。1967年垛田人在何家垛办起了第一家蔬菜脱水加工厂——兴化工贸联营脱水蔬菜厂，当时的目的是解决蔬菜不能保鲜、销售难的问题。进入20世纪八九十年代，随着食品工业的快速发展，国内外对脱水香葱的需求量越来越大，以香葱产品为主的脱水蔬菜加工企业迅速崛起，兴化的香葱种植才走向规模化的发展之路。如今垛田镇蔬菜加工企业有46家，王横经济开发区的脱水蔬菜厂一家挨着一家，年产脱水蔬菜产品3万多吨，年产值6亿元，是全国最大的蔬菜脱水加工基地和脱水蔬菜产品集散地。近年来，兴化有了个新民谣："翟家垛的叽菜、小徐垛的葱，湖西口的韭菜、芦洲的瓜，王横子脱水蔬菜走天下。"

垛田2万多亩香葱种植基地支撑起46家加工企业，加工企业又如龙头一般带动起香葱种植，初步形成产加销、贸工农"一条龙"。目前垛田脱水蔬菜产品已从本地传统的香葱、胡萝卜、包菜，扩大到全国各地的地域知名产品，有120多个品种，产品远销韩国、日本，及东南亚、欧美地区。垛田地区以"垛田香葱""垛田芋头"等为主导产品的脱水蔬菜出口到英国、日本、韩国等20多个国家。脱水蔬菜为垛田人带来源源不断的财富，成就了垛田"全国脱水蔬菜第一乡镇"的美名。

垛田的脱水蔬菜还拉动了整个兴化的脱水蔬菜产业，带动了兴化及周边30多万农民致富。现在兴化也已经是全国乃至亚洲最大的脱水蔬菜加工生产基地和产成品集散地，有126家脱水蔬菜企业，1/3获得了自营出口权，30多家企业通过ISO 9001和ISO 22000认证，3家企业获得良好农业种植规范GAP认证，9家企业拥有境外商标。兴化年加工脱水蔬菜干品18万吨，消化各类蔬菜150万吨，脱水蔬菜加工出口量占全省60%以上。2002年"兴化香葱"基地通过江苏省无公害蔬菜产地认定。2005年垛田被认定为国家农业标准化示范区，4个香葱产品先后通过无公害农产品认证，两个通过绿色食品认证。2006年，经国家质量监督检验检疫总局（以下简称国家质检总局）批准，"兴化香葱"获得国家地理标志保护产品认证。在国家质检总局组织召开的"兴化香葱"申报国家地理标志保护产品专家审查会上，专家组曾建议将"垛田香葱"名称一并提出保护，凡是使用"兴化香葱"和"垛田香葱"名称的生产者都必须符合"兴化香葱"质量技术要求。今天看来，如果提"垛田香葱"可能会对兴化垛田这一重要农业文化遗产的保护起到更积极的效果。2014年兴化脱水蔬菜自营出口额达1亿美元，此外通过其他外贸渠道出口逾5000万美元。兴化脱水蔬菜产品远销欧洲及美、日、韩等58个国家和地区，出口总额占总销售收入的1/3，其中出口的脱水蔬菜有一半左右产自垛田镇。2014年4月，中国蔬菜流通协会正式授予兴化"中国果蔬脱水加工第一县"称号，新成立的全国果蔬脱水加工产业联合会秘书处也在兴化挂牌运作。

悠久的种植历史、优良的传统栽培技艺以及广泛的食用途径，孕育了兴化所特有的"香葱文化"。其中，兴化香葱美食文化最为丰富多彩，有菜肴类的香葱肥肠、香葱豆腐、清炒香葱、香葱炖蛋等；糕饼小吃类的葱花摊面饼、葱花咸味烧饼等。如今在兴化城及周边城市的大小饭店里，清炒垛田香葱、垛田香葱炒鸡蛋已成了特色菜。兴化的一些民间习俗，也与香葱密切相关。如婚丧喜事、逢年过节老百姓敬菩萨的"刀头"中，通常是一块肉、一条鱼、一方豆腐、一棵香葱。结婚迎娶新娘，新娘下轿进门时，先要从一个小板凳上跨过去，小板凳上就放有一把斧头和一棵香葱，以象征驱邪辟秽。旧时常有瘟疫发生，亲友探望病人或参与丧葬时，通常在鼻中插一小段葱叶，用以防疫消灾。此外，还有人推测清代"扬州八怪"之一的李鱓所绘的《葱姜细鳞图》也与兴化香葱有关。此画系李鱓于雍正十二年（1734年）所作《杂画册》中的一幅，现藏于故宫博物院。画面构图极其简洁，仅一鱼、一葱、一姜而已。画的左上方题诗云："大官葱，嫩芽姜，巨口细鳞新鲜尝，谁与画者李复堂。"据说李鱓应是兴化人，其深爱家乡特产风物，因此许多人认为其所画的就是"大官葱"。

注释

[1]　在农业生产之中，为了便于耕作及排灌水管理，一般把大块的土地开沟分割成长方形厢块而沿着每厢的长边开出的小沟叫作厢沟，四周脱厢指厢块的四周均开出排水沟，排水良好。

[2]　1斤等于500克。

舌尖上的龙香芋

07

一次东海小龙王游历兴化得胜湖，见湖荡沼泽之上鲜有粮菜，而湖荡周围却满是饥民，小龙王顿生恻隐之心，便从口中吐出大、小两颗珍珠，滚落于湖荡沼泽之上，不日便长出荷叶一般大小的茎叶，湖边满目都是，根部即为大大小小的块茎，并托梦于饥民，告知刨出后煮熟食用，使得得胜湖的饥民得以度过饥荒……

　　我们到兴化正值金秋九月，正是龙香芋陆续上市的季节，大大小小的芋头被装进蛇皮袋，又被装上小船，送进青货行，运到大江两岸的城市和乡间出售；劳力多的人家，两三户合起来装满一条5吨挂桨机船，开到泰州、扬州、宝应、盐城、东台，自己直接卖；也有来自江、浙、鲁等地的客商纷纷赶到垛田采购龙香芋，用以供应中秋、国庆两大节日市场。

　　在兴化，关于龙香芋有一个很久远的传说。一次东海小龙王游历兴化得胜湖，见湖荡沼泽之上鲜有粮菜，而湖荡周围却满是饥民，小龙王顿生恻隐之心，便从口中吐出大、小两颗珍珠，滚落于湖荡沼泽之上，不日便长出荷叶一般大小的茎叶，湖边满目都是，根部即为大大小小的块茎，并托梦于饥民，告知刨出后煮熟食用，使得得胜湖的饥民得以度过饥荒。因系偶然"遇"见，其块茎大的又如小儿之头，故称之为芋头。大而圆的称为龙香芋，小而长的便称为仔香芋。从此，芋头便在兴化传种开来。兴化龙香芋的栽培历史很悠久。据史载，宋代兴化知县曾把垛田芋头作为贡品敬献皇上。传说作为兴化人的施耐庵随张士诚驻扎得胜湖时曾一度以芋头作为主食。据说兴化籍的清代文学家郑板桥也非常偏爱家乡的芋头，曾在《瑞鹤仙·僧家》中写道："清风来扫，扫落叶尽归炉灶。好闭门煨芋挑灯，灯尽芋香天晓。" 其中的意境不禁令人向往。

　　芋头为天南星科芋属，又称芋、芋艿或毛芋，古代亦称芋魁、蹲鸱等。芋头的叶片呈盾形，叶柄长而肥大，呈绿色或紫红色；植株基部有肉质球茎，呈球形、卵形或椭圆形，称为芋头或母芋，其分蘖形成的小球茎称为子芋。芋头是世界上最古老的作物之一[1]，中国则是芋头的起源地之一。战国时期的《管子·轻重甲篇》、汉代的《史记·货殖列传》等古籍中都有对芋头的记载。两晋南北朝时期已有14个芋头品种，

收获龙香芋（吴萍摄）

种芋经验已相当成熟。唐宋时期芋头已经广泛种植，被视为重要的辅助粮食，甚至使许多传统夏粮在它面前也相形见绌，"诗圣"杜甫也留下了"锦里先生乌角巾，园收芋粟不全贫"的诗句。后来随着旱地"粟—冬小麦和水田稻—麦"轮作制的建立，能用于种植芋头的闲田日渐减少，南宋以后芋头便沦落为一般蔬菜了。

目前芋头在我国华南、西南地区和长江流域广泛种植，不同的水土，生产出了不同的芋头品种。广西的荔浦芋头、广东的龙洞旱芋、四川的乌脚芋、云南的弥渡大头芋、浙江的奉化大芋艿、安徽的茶瓶芋、湖北的紫柄芋、上海的白梗芋……但兴化垛田的龙香芋与全国任何一个地方的芋头品类相比，都毫不逊色。龙香芋母芋近圆球形，肉白色，粉而香，松软中有着筋力，清香中透着绵甜，其富含蛋白质、钙、磷、铁、钾、镁、

胡萝卜素、烟酸、皂角甙等多种成分。龙香芋还耐
贮运，晒干后放在通风之处，贮放上一年半载是不
会坏的。

一部《舌尖上的中国》，让兴化垛田上的龙香
芋、兴化美食蟹黄汪豆腐、芋头红烧肉一夜间名扬
天下，也让垛田镇新徐庄村的夏俊台成为"新闻人
物"。我们到兴化的当天下午，便去拜访夏俊台。
我们乘车赶到新徐庄村，一番电话联系之后，不久
便在村口见到了这位名人，不过和想象中的有些差
别。现在的夏俊台明显胖了许多，剃了个近似光头
的平头，皮肤也有些黝黑。夏俊台热情地邀请我们
去他家做客。"又接受采访啦！"夏俊台走在路
上，不少熟悉的村民都这样跟他打招呼。夏俊台和
我们谈起《舌尖上的中国》时说，2011年9月《舌
尖上的中国》摄制组来兴化垛田拍摄垛田芋头，垛
田镇文化站长李松筠找到他，说是中央电视台要拍
一部兴化垛田芋头的片子，要在当地找一个能唱
歌、会画画的农民，希望他能配合一下。那时他手
里的活儿很多，但想想能为宣传兴化做点事就同意
了。夏俊台先是顺利通过导演杨晓清的面试，后面
又顺利参与了拍摄，在拍摄中的即兴表演还得到了
导演的表扬。后来老夏又受央视邀请，参加了纪录
频道《舌尖上的中国》第二季拍摄启动仪式和许多
的综艺节目。不过遗憾的是，夏俊台现在年纪大
了，种芋头已经有些力不从心了，已经将自家的垛

收获龙香芋（朱宜华摄）

田转给了他哥哥家耕种。夏俊台是一个多才多艺的民间艺人，不仅会唱歌、画画，还会"刻纸"的手艺，作品有点类似于剪纸，但不是用剪刀剪，而是用刀刻，他还特意向我们进行了展示。"刻纸"这手艺是从夏俊台爷爷那一辈传下来的，已经有100多年了，虽然没有被列入非物质文化遗产名录，但却是值得传承的一项民间工艺美术。可惜他的儿子现在在市里的酒店工作，一个月有七八千元的收入，对"刻纸"不感兴趣，不愿传承他的手艺。

由于到兴化的第一天下午没来得及去垛田看芋头，次日我们一行三人决定乘公交车到垛田镇高家荡看看。高家荡是垛田镇最东边的一个村庄，现有900多户人家3500多人口，原本这里有很多湖荡，又因村庄始祖是高姓人家，故称高家荡。高家荡村南有1200亩垛田，具有典型的垛田风貌，现在是全球重要农业文化遗产江苏兴化垛田传统农业系统的核心保护区。千百个垛子散落碧水之上，水面比较开阔，一派水乡风光，这里的水与垛、垛与人之间有着天然的契合。垛田中新建了一块醒目的"全球重要农业文化遗产兴化垛田"标志石碑，一座3层的木质观景台，第三层是一个平台，没有顶，几座木质的小桥，还在垛田边修了几段1米宽的水泥路，这些显然是为了方便游人参观，不过这里不像千垛菜花风景区那样收门票，也看不到什么游客。登上观景台，高家荡的垛田景色尽收眼底，远远望去，最引人注目的还是芋头，绿的叶、青的茎，亭亭玉立，高的可达2米，矮的也有1.5米左右，垛田被芋头的盾形叶遮盖得密不透风。这里的生态环境很好，水鸟种类特别多，诸如白鹭、白鹳、灰鹭、野鸭之类，观景台上布满密密麻麻的鸟粪痕迹，我们甚至在檐下还发现了一个比较大的鸟窝。在垛田旁还建有许多太阳能诱捕灯，据说这种太阳能诱捕灯采用光、电、数控技术与生物信息技术，能直接将太阳能转化为电能，利用害虫具有趋光、趋波、趋色的特性，集光、波、色3种诱虫方式于一体，既环保又节能，算是一种高科技了。通过近距离的观察，我们发现诱捕灯里有很多被杀死的小虫，看来捕虫的效果挺好。其实政府投入这么多的资金建诱捕灯并非是一种"形象工程"，其意义在于通过这种环保的捕虫方式引导垛田菜农少用农药，更好地保留传统的农业耕作方式。

由于事先联系了高家荡的村支书，村支书安排了一位王姓老菜农带我们去垛田里看一看。我们登上王老伯的挂桨机船，船便在垛子间穿梭。垛子上大多栽种了芋头、香葱、韭菜、生姜，还有少量的高粱、豇豆和毛豆。垛田上有三三两两的菜农在干活儿，但大多数是上了年纪的老人，有薅草（除草）的、有鎯岸（翻地）的、有施肥的、有收获的，还有戽水的。在垛田干活通常男女有比较明确的分工，女人一上垛田便会蹲下身子去薅草，移栽的活儿通常也由女人来做；男人则举起钉耙一起一落、一耙一耙地鎯岸、平地，还有就是戽水。

垛田芋头之所以香糯可口，与垛田环境有着内在的联系。垛田由沼泽草地开垦堆垒而成，土质疏松富含营养，光照充足通风良好，易于浇灌难有水渍。这些得天独厚的地理地貌条件，成为芋头等瓜果蔬菜生长发育的温床。在垛田上所有的蔬菜品种当中，芋头的种植面积最多，在田时间最长，管理要求也最高。垛田人就像抚育孩子那样，在芋头种植上倾注了大量的期望和汗水，对芋头有着一种特殊的情结。当然，垛田人也少不了种植芋头的丰富经验和一些特别的技术方法。

首先是芋头留种。除了少数菜农仍然采用落后的"窖藏法"来留种，大部分垛田菜农都采用独创的"搁置法"留种。具体操作是先将精挑细选的种芋放在烈日下晒两天，再移到室内，平铺在木棍或竹竿搭建的种床上贮藏，种床通常还要垫上用芦苇编制的席子。每隔3个月要把这些种芋全部翻动一遍，并剔除个别坏的种芋。入冬后，还要在种芋上覆盖一层草帘保温防冻。这样保存的种芋不容易坏，出芽率高，也很"发棵"（生长后劲足）。到了来年早春时节，还要对种芋进行催芽，将它们从种床搬进苗床育苗。所谓苗床，就是一块1米多宽、30多厘米深，避风向阳的长方形浅坑。种芋进入苗床前，要先在坑中铺上一层细细的营养土，将种芋顶芽朝上整齐排列，再覆上一层薄薄的营养土，每天浇水，夜里还要在苗床上盖好草帘。到了5月，待种芋长出3厘米左右的芽和两三片叶子，就可以将芋苗移栽到准备好的垛田上。

其次是移栽。在垛田所有的移栽作物中，最辛苦的当数移栽芋头了。移栽前，需要先按一定的行株距，在田里挖成一个个小坑。移栽时，用竹篮将芋苗装运到垛子上去，一棵棵芋苗放进事先挖好的小坑里，再用韭刀儿把它栽下去，要求深浅适度、间距均匀、根稳苗正。这种活儿要非常细心，一般由女人来做。

再次是施肥。芋头在田期间，是需要施大量肥料的，施肥也是芋头长得壮、根茎大的关键。垛上人有句种芋头的农谚——"要想芋头紫，得亚七次屎（粪）。"垛田通常以施有机肥为主。移栽的小坑里要施以人畜粪或草木灰做基肥。芋苗成活后，要浇两次薄水粪。到了盛夏，芋头梗叶长高、长大时，勤劳的垛田菜农便开始罱泥、扒苲，从河沟湖荡里运来一船又一船夹着河泥的水草，布在芋头根部，遮阴保湿又肥田，真是一举多得。为了保持芋头根部土壤湿润、松虚、有肥力，菜农一般都会在芋头根部布两三次水草，或浇一次泥浆，壅到芋头根上，防止芋头露青[2]，影响口感。王老伯告诉我们，如果每年都种芋头，即使经常施肥，土地的肥力也会明显减弱，通常如果连续种两年，第三年再种芋头就长不好，这时菜农会种植香葱、生姜、黄豆等作物进行轮作，以调节地力。但现在菜农用河泥、水草做肥料的越来越少，这是由于用化肥节约时间还省力，但长此以往势必造成土壤板结，地力衰退。据当地菜农介绍，从表面很难分辨芋头是用河泥还是用化肥种出来的，但是吃起来就不一样，吃起来"麻麻的"就是用的化肥。

还有就是戽水。兴化人对芋头和水的关系有个妙喻："就像有情人一样，芋头短了水活不成，稍微一淹水，就坏了香糯的质地，煮不烂。"芋头是喜湿怕干的蔬菜，戽水成为芋头田间管理的主要环节。芋头从育苗、移栽到收获的一百五十来天里，除了下雨，几乎天天都要戽水，这对垛田菜农的意志、毅力和体力绝对是一种考验。移栽初期，每天要"点浇"一次水，也就是用水斗子舀水，一棵一棵地浇。待芋头梗叶长到30多厘米时，仍是每天浇一次水，那就要用戽水瓢来戽水。到了七八月份的高温季节，芋叶长得蓬蓬勃勃了，每天至少得浇两次水，上午一次，下午一次。酷暑炎夏，菜农挥动着手中的戽水瓢，汗水从头滚到脚，湿透汗衫短裤，也湿透了脚下的泥土。现在垛田人家大都有一台柴油戽水机，给芋头浇水很少再用戽水瓢了。

一般认为垛田芋头在田期间不会有病虫害，实际芋头同样也有病虫害。东旺村的魏老爷子告诉我们，今年的垛田芋头比去年长得好，去年的芋头生一种瘟病，叶子上长斑，后来只好打农药，结果就导致芋头不容易烧烂，品质明显下降。

金秋时节，也是芋头收获的季节，在苏州、上海等地打工的兴化人都坐夜车往回赶，准备帮家人起芋头。垛田上的菜农挥动大锹，把高大的芋头一棵棵放倒，再砍断瓠子，扒掉芋头根上的泥巴，一颗颗硕大的龙香芋便呈现在菜农的面前。

芋头怎么做好吃？兴化人也有高超的烹制技艺，最能体现芋头的原味和口感。

泰州有首叫《烤芋》的民谣描写烤芋头的美味："寒冬街头置炉台，漫步行人久徘徊。一缕清香到蓬莱，王母知是烤芋芳。"当然，除了烤芋头，垛田人还会用芋头烧制出许多美味来。中秋节，兴化人的家宴上，主菜和配菜都有芋头。将龙香芋的母芋切开来是米白色或紫灰色，有的还有粉红色或褐紫色的纹理，与品质最好的瑞士奶酪切开后的花纹一模一样。母芋去皮，切成小块，烧麻鸭、仔鸡或红烧肉，都是绝配。烹调母芋的关键是要先将芋头块走一下油，让它表面微微皱缩，起小油泡，这样芋头里才能浸透肉汁，自身也不松散走形。"芋头红烧肉"常常是饭桌客宴的主打菜，将龙香芋的母芋切成长条方块，或将仔香芋一分为二，下锅与红烧肉一起烩熟至粉烂，肉变得香而不油，芋头变得清香中透着肉鲜，下饭又下酒。兴化的酒客们非常喜欢吃芋头，并称其为"酒塞子"，只要两三块味道鲜美的"酒塞子"下肚，多喝几两酒没问题。

《舌尖上的中国》里介绍名菜"蟹黄汪豆腐"时说："芋头收获的季节，湖里的河蟹也肥了，在淮扬菜的食谱里，至今保留着乡土气息浓厚的蟹黄汪豆腐……"蟹黄汪豆腐的做法通常是先将豆腐、芋头切成小方丁；将锅烧热，倒入油，投入姜末、葱花炸香，入蟹肉用小火慢慢煸，待蟹香味透出，再入芋头粒煸，倒入豆腐，加汤，以淹没原料为宜，加少许酱油、盐调味，待煮沸用湿淀粉勾芡，不停地用勺搅动均匀；装碗后趁热食用，可撒上白胡椒或青蒜花去腥增香。由于并非什么季节都有螃蟹，所以兴化家常菜里更多见的是"芋丁豆腐羹"，先将龙香芋和豆腐均切成细丁，加入开洋虾米烧制成汤羹，装碗时撒些胡椒末、青蒜花即可。用汤匙慢慢舀入口中，芋头粉、豆腐嫩，能让你过口难忘。

此外，还有芋头烧扁豆、芋头烧萝卜、芋头烧鸡块、芋头烧豆腐等，都是垛田老少皆宜的家常菜。我们在房东魏老爷子家尝过芋头红烧肉和芋头烧豆腐，芋头粉粉的，很好吃，可惜这芋头比较撑肚皮，所以吃不了太多。

用芋头做菜一般都是要去皮的，但在兴化也有连皮带毛的吃法，叫作吃毛芋头。毛芋头通常是用仔香芋，泡上一夜后洗净下锅，不需加任何调味料，烧透后就可以吃了。吃的时候剥开一半的皮，蘸点白糖或酱油，味道软滑香甜。或者做成"毛芋头菜粥"，把洗干净的芋头和米粥、青菜，加上生姜末子，一锅煮了，是兴化人极喜欢的家乡口味。

在兴化即便是豪华酒家，如今也有几道必不可少的芋头菜，芋头烧肉、蟹黄汪豆腐、扁豆烧芋头，还有那让无数食客追捧的"五谷丰登"，其中的一谷便是蒸仔香芋——肉质特粉、口感特醇，蘸白糖少许，入口即化。如今这"五谷丰登"几乎成了兴化人酒宴中必不可少的一道菜。

在兴化，年夜饭是少不了芋头这道菜的。垛田人有个说法："大年三十吃芋头，来年处处遇朋友。"吃芋头的时候，垛田人嘴里往往还要念叨着"遇好人""好事成双"等吉利话。

注释

[1]　李庆典，李颖，周清明：《中国古代种芋法的技术演进及其对现代农学的贡献》，中国农史，2004年第4期。

[2]　露青指雨水或浇的水将芋头根上的泥土冲走，芋头暴露出来。芋头一露青，它宝贵的黏性蛋白就会流失，口感就会发艮。

🛶 垛田上的油菜花

08

2011年千垛油菜花曾获"中国最具影响力油菜花海"第一名，与享誉世界的普罗旺斯薰衣草园、荷兰郁金香花海、京都樱花并称，跻身"全球四大花海"之列。随着"中国·兴化千岛菜花旅游节"的成功举办，渐有"烟花三月下扬州，四月菜花看缸顾"的说法……

　　每年清明时节前后，千垛菜花风景区四面环水的垛田上开满了金黄色的油菜花，蓝天、碧水、油菜花海织就一幅"河有万湾多碧水，田无一垛不黄花"的绮丽画面。虽然我的家乡也有油菜花，从小到大见过无数的油菜花景观，但当我站在千垛菜花风景区的观景台上，还是被眼前"油菜花开金满地"的壮阔美景所震撼。放眼望去，满目金黄，水漾花娇，一块块垛田宛如硕大的水面盆景，不管是景区内还是景区外的垛田，几乎都开满了油菜花，万亩油菜花如同漂浮于水中，一望无际，煞是壮观。

　　我虽多次前往兴化，但总阴错阳差错过油菜花海。2012年夏天，我和崔峰副教授一同带学生到了东旺村，可惜季节不对，仍没能看到传说中的千垛油菜花海。2014年4月，我到兴化参加"第一届东亚地区农业文化遗产学术研讨会"，会后终于有机会和众多代表一起来到千垛菜花风景区参观。千垛菜花风景区又称千岛菜花，现在是全球重要农业文化遗产江苏兴化垛田传统农业系统的核心保护区，位于缸顾乡东旺村的东侧，垛田总面积近万亩，菜花观光核心区有垛田4600亩。

　　千垛菜花风景区有两个入口——主入口和南入口，两个入口旁边都有码头，可以乘游览船进入景区。船又分为电动船和小木船，电动船较大，可载20多人，小木船则最多容纳五六人。坐上当地船娘划着的小木船，泛舟花海之中，便会领略到"船在水中行，人在花中走"的独特感受。划桨的船娘，个个头系大红头巾，身穿蓝印花布衣裳，穿梭在灿烂的油菜花海中，也是一道亮丽的风景。景区在田间铺设了特制的木栈道和砖石路，如果选择漫步在花海中，则可以近距离观赏菜花，感受随风而来的醉人菜花香，享受田间之趣。如果登上景区4层高的观景瞭望塔，可以看见景区里面港汊密集，河如阡陌，一块块金黄的垛田仿佛漂浮在水面上，如盆景一般，让人心旷神怡。

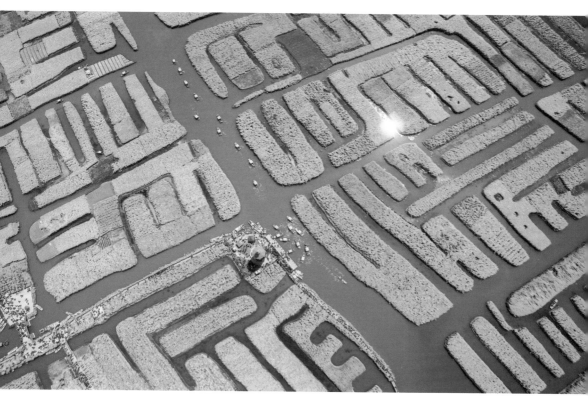

垛田油菜花（王少岳摄）

说起油菜花海，近年来陕西汉中、湖北荆门、云南罗平、重庆潼南、青海门源、江西婺源等地的油菜花纷纷被游客冠以"全国最美油菜花海"的称号，但兴化缸顾的油菜花海，仍然以独特的垛田景观享誉全国。2011年千垛油菜花曾获"中国最具影响力油菜花海"第一名，与享誉世界的普罗旺斯薰衣草园、荷兰郁金香花海、京都樱花并称，跻身"全球四大花海"之列。随着"中国·兴化千岛菜花旅游节"的成功举办，渐有"烟花三月下扬州，四月菜花看缸顾"的说法。每到清明节前

春光无限（王少岳摄）

后，垛田的油菜花竞相开放，最先知道这信息的一定是养蜂人，紧接着踏青的兴化人、扫墓的游子、赶花海的游客便会纷至沓来。许多外地人都想当然认为缸顾的千垛菜花自古以来便是这样的，而东旺村一直是兴化观赏油菜花的最佳去处。如今确实如此，殊不知，历史上兴化观赏油菜花最佳去处的荣耀曾经属于垛田镇。

垛田镇既是兴化垛田最多的乡镇，也曾经是著名的"油菜之乡"。20世纪五六十年代，垛田镇的油菜花曾经风光无限。当时兴化油菜籽总产量全国最高，垛田镇就占了半壁江山；垛田镇张皮垛的油菜籽亩产创造了全国最高单产纪录。1959年6月30日，新华社曾经报道"兴化垛田张皮大队平均亩产油菜籽300多斤，比去年增产29%"，垛田因此获得"垛田油菜，全国挂帅"的美誉。奖状至今都挂在垛田镇政府的荣誉室中，被垛田人奉为至宝。

兴化油菜种得好，是因为垛田人栽培油菜有着严格的程序和技术要求。油菜籽的生长周期较长，从育苗移栽到成熟收获，大约需要半年的时间。秋季就得育苗，垛田人叫"种菜秧子"，首先深翻耕地，施足基肥，下种要疏密适当，种子发芽后要做两次间苗。这期间每天要戽水，隔几天浇一次薄粪，并及时灭虫。这时的菜秧子小的可做连根菜，垛田人说这连根菜是最鲜的，用它来做玉米糁子菜粥会让人垂涎三尺。秋末冬初开始移栽油菜，准备移栽的大田需要翻晒整理，施足基肥，拔菜秧子和栽菜需要细心，一般由妇女来做，栽菜称为"秧菜"，工具是专用的"韭刀儿"，右手握刀往泥土里一插，摇摇刀柄弄出个土窝，左手迅速将菜秧的根部埋进土窝，要埋得不深不浅。油菜移栽后到春节这段时间，田间管理主要是浇水，施一次腊肥。春节过后到抽薹开花，要罱泥浇到油菜田里，一共3次，垛田有一首农谚是这样说的："一浇根儿稳，二浇花儿盛，三浇籽儿圆滚滚。"等到油菜开花了，结荚了，田间管理便只剩下防治病虫害，单等收获。到了小满前后，叶子掉了，籽荚黄了，也就到了油菜籽收获的季节，也是垛田人最忙的时候。收菜籽有3个环节：拔菜籽、晾籽荚和"抄"籽荚。其他地方收获油菜喜欢用刀子刪，垛田油菜生得娇气，成熟时容易破壳，所以垛田人喜欢拔油菜籽。拔也是有讲究的，拔菜籽通常在清晨带着露水时，籽荚就不会炸开，菜籽也饱满，出油率要比刪的高得多，种出来的菜要比刪的壮实，所以垛田人宁愿辛苦一点，也不会用刀去刪。拔好的菜籽用船运到打谷场上晾晒；"抄"籽荚是兴化当地用语，过去是将菜籽秸放到船舱中用脚踩脱粒，现在更多的是用机器。

垛田人将种植油菜称为"长菜籽"，菜籽就是油菜籽，是榨菜油的原料。听当地菜农说，现在千垛菜花风景区的油菜花，是一种叫"秦油六号"的品种，垛田人习惯叫它"胜利菜籽"，与过去的垛田油菜花有所不同。它的适应性强，产量高，植株比较高大，油菜籽也比较大，但它只能榨油，菜秧及菜薹是不能吃的。据《兴化市志》记载，旧时垛田种植的主要有瓢儿白、羊耳朵、黑斗打等白菜型油菜及芥菜型油菜。这种油菜籽产量不高、出油率低。所以以前垛田人也称垛田油菜为"垛田白菜"，叶子是绿的，帮子是白的。春天的油菜薹是餐桌上的一道美味，可以烧着吃，炒着吃，甚至可以生吃，掰个菜薹慢慢撕去皮，咬一口香甜水嫩，比甘蔗都好吃。在一些青黄不接的年份，垛田人就是靠"垛田白菜"度过了饥荒。20世纪60年代，兴化凌沟人、农业技术员张伯康将本地的油菜籽和日本的油菜籽进行了杂交改良，获得了成功，研制出油菜新品种"垛油2号"，其品质和单产堪称全国一流。这种新品种油菜籽在垛田大面积种植以后，结果比旧时的品种单产翻了一番，而且出油率高，大幅度提高了垛田油菜的经济效益，并被不少市、县引种推广。直到20世纪90年代，垛田的越冬作物大部分都是油菜，垛田镇的油菜种植面积达到5600亩，油菜籽生产量持续名列兴化第一。

垛田油菜在历史上得到过许多关注。1959年，江苏美术出版社出版了名为《兴化油菜》的画册，专门介绍了垛田凌沟的油菜籽生产。凌沟大队长王兰英曾作为"油菜姑娘"被拍入中央新闻电影纪录片，又于1960年被评为全国三八红旗手并进京受奖，受到党和国家领导人的接见。1978年，著名摄影家吕厚民拍摄的垛田油菜花照片发表后，"垛田春色"引起国内外的关注。此后，国内外游客、专家学者等纷纷前来游览观赏。忆明珠、冯亦同、陆星儿、黄蓓佳、李宗海、江南春等作家、艺术家也都为垛田留下了诗文或书画作品。

实际上，垛田并非一开始就大量种植油菜。据姚卿云等学者的研究，从 17 世纪至 20 世纪 30 年代，垛田一直盛产蓼蓝，分为大蓝、小蓝，两种都是制作蓝靛的原料，而蓝靛是中国蓝布染布专用的染料，需求量很大。垛田的垛子上，长满了蓼蓝这种经济作物。当时的何家垛是蓝靛的生产基地和交易基地。《（咸丰）重修兴化县志》（梁志）中说大、小蓝可以"浸汁为靛"，"远近数百里皆赴兴采买"，又可供城东门外各家染坊染布之用。《（民国）续修兴化县志》记载："近城圩岸多植大、小蓝，为染色之原料。"20 世纪 30 年代中期，洋布连同新式

垛田游览（朱宜华摄）

两岸菜花小船行（王少岳摄）

化学染布技术，迅速取代了中国蓝布和蓝靛生产，蓼蓝种植也在垛田地区迅速消失，垛田开始了油菜种植。起初"田无一垛不黄花"的千垛菜花景观主要在垛田镇，而并非在现在的缸顾乡东旺村。20世纪五六十年代，"垛田油菜，全国挂帅"中的垛田指的就是垛田镇。然而，20世纪90年代中期，垛田镇不断扩大的蔬菜脱水工业，给垛田经济开辟了广阔的财富之路，特别是脱水香葱随着方便面市场需求的快速增长，带来了更大的经济效益。为了最大程度扩大垛田的经济效益，垛田镇大部分菜农选择了再次调整种植结构，大量向香葱等作物种植调整转移。据说目

前全镇香葱等加工原料种植面积已占垛田总面积的百分之六七十以上，蔚为壮观的千垛菜花景观在垛田镇已经逐渐消失。

20 世纪 90 年代，位于兴化城西北的缸顾乡政府却有着不同的想法和思路，1995 年举办垛田菜花节论证会，最早提出了"垛田旅游"的概念。缸顾乡原来也有不少垛田，以种植油菜、韭菜、生姜、棉花等作物为主，但油菜种植相比垛田镇却少很多。他们得到市政府支持，在原有垛田的基础上，利用地形又新开辟了一些垛子，全部种植油菜，目前缸顾油菜种植面积已经超过 1 万亩。缸顾乡政府还邀请国内外许多专家学者、文人墨客来缸顾参观考察。2006 年江苏省摄影家协会在东旺千垛菜花观光旅游区成功举办了摄影竞赛开拍仪式。2009 年，垛田成为央视《欢乐中国行·魅力兴化》节目的最亮看点。2009 年 2 月兴化垛田在国家文物局主编的《2009 年第三次全国文物普查重要新发现》中榜上有名，是苏中地区唯一入选的文物普查重要新发现。2011 年 12 月垛田地貌被江苏省确定为省级文保单位。2011 年还被评为江苏省最具魅力休闲乡村。2012 年东旺村被评为"江苏最美乡村"。2012 年 8 月，江苏兴化垛田传统农业系统入选中国重要农业文化遗产。2014 年 6 月，江苏兴化垛田传统农业系统入选全球重要农业文化遗产。

2009 年 4 月，兴化市大张旗鼓地举办了首届"中

国·兴化千岛菜花旅游节"，在当年人民网"全国
最优美油菜花海"评选中获得第二名的不俗成绩。
为进一步发展特色观光旅游农业，在兴化市委、市
政府的支持下，兴化市旅游局和缸顾乡累计投资近
亿元用于景区基础设施建设和景点打造，新建了
游客服务中心、6万平方米的生态停车场，铺设了
5000多米的木栈道和砖石路面，建设了18米高的
观光塔和20米高的观光船舫，以及码头、农家乐
休闲娱乐餐饮、厕所等配套设施，搭建了景观索桥，
购置了游览木船300多条。近些年当地政府不遗余
力地进行宣传、策划与推介，2010年6月由"南京
必得旅游策划设计有限公司"设计了"兴化市千岛
菜花景区旅游总体策划"。2011年由"阳光传媒集团"
进行广告宣传，著名主持人杨澜女士为千岛菜花主
持的大型实景演出，取得圆满成功。兴化先后举办
《欢乐中国行·魅力兴化》《水韵兴化》等大型演出。
后来每年都会举办"中国·兴化千岛菜花旅游节"
开幕式晚会，演员们与兴化群众演员纷纷走上舞
台，倾情献艺。2013年5月，在兴化隆重举行了由
中国邮政集团公司主办的《美丽中国兴化垛田》邮
票首发仪式。经过几年市场化的运作，缸顾乡东旺
村的千垛菜花风景区已初具规模，目前缸顾菜花已
成为兴化地区最具吸引力的景观旅游项目，来缸顾
看垛田油菜花的游客数量保持持续稳定增长。2010
年第二届"中国·兴化千岛菜花旅游节"接待游客

千垛浮金春意浓（王少岳摄）

48 万人次，2011 年第三届"中国·兴化千岛菜花旅游节"接待游客 66 万人次，2012 年第四届"中国·兴化千岛菜花旅游节"接待游客 75 万人次，2016 年第八届"中国·兴化千岛菜花旅游节"接待游客已经达到了 145 万人次。千埈菜花风景区门票团体每人 80 元，散客每人 100 元。2011 年景区旅游营业收入达到 3600 万元，吸纳当地农村劳动力 300 人，占职工总数 350 人的 85.7%。2011 年农副产品销售收入 1840 万元，从业人员人均年收入 1.56 万元。

由于比较收益的问题，缸顾乡政府当初也碰上农民不愿种油菜的问题，但与埈田镇做法不同，缸顾乡政府和旅游局出资专门补助种植油菜的经济损失，同时凡在景区范围有埈田种植油菜的农民，每次菜花旅游节期间可以安排其做划游览船、扫垃圾等服务工作并得到工资。据说现

垛田景色（朱宜华摄）

在的划船工资已从以前的每天 60 元涨到 100 元，该项工资从景区门票收入中支出。从 2015 年开始，缸顾乡开始实行新的政策，当地农民如果将自己在景区范围的垛田包给景区管理，每年每亩可以得到 1100 元补偿，景区管理部门再统一雇用一些有经验的农民进行垛田的生产管理。我所住房屋的东家也有 4 亩垛田在千垛菜花风景区，每年可以从景区管理部门获得 4000 多元的补偿。东旺村大部分村民都觉得划算，因为现在留守的老年人体力跟不上，无力继续种地，而且现在垛田种植的成本也越来越高，当然也有极少数村民不愿将土地交给景区管理。缸顾乡政府还围绕当地油菜生产过程、农民劳动生活、农村乡土人情开发了"菜花村"龙香芋、"菜花村"绿壳鸡蛋、"菜花香"小磨菜油、"大地蓝"草鸡蛋、"大地蓝"蚕丝被等农副产品，周边农民能够广泛参与和直接受益。通过千垛菜花风景区项目建设，对当地经济发展、农民就业增收和新农村建设起到了重要的带动作用。

2015 年 4 月，平旺湖景区观音山项目招商工作启动，这标志着千垛菜花风景区新一轮规划正式实施。据了解，平旺湖景区规划集旅游、娱乐、商业、居住于一体，将打造多业态景观和体验参与相结合的个性化主题旅游区，和原千垛菜花景区、李中水上森林景区形成"一核两翼"的发展大格局，为实现兴化大旅游奠定基础。由中国旅游设计院编制的《兴化千垛菜花风景区策划及创意设计方案》已经通过专家组评审。该方案主要包含千垛菜花风景区核心游览区（原菜花景区）及平旺湖景区打造。景区建设方案最大的亮点是，在平旺湖景区打造人工造景汉字"梦"岛。"梦"岛位于平旺湖中央，核心面积 4000 亩，整个岛屿形状如板桥体"梦"字。"梦"岛划分为四大功能区，即以"梦逍遥"为主题的梦想互动区，主要功能是花海观光、水乡住宿、餐饮接待、剧场演出、旅游购物等，设有梦楼、梦馆、梦水乡剧场等场馆；以"梦欢喜"为主题的水乡游乐区，主要功能是休闲度假、乡村体验、科普，设有泥人乐园、亲子牧场、低空飞行俱乐部等；以"梦安宁"为主题的垛田体验区，主要功能是民俗体验，设有垛田生态博物馆、农夫蔬苑等；以"梦如意"为主题的清净度假区，主要功能是宗教文化展示，设有观音山、庙会街、禅学院等。东旺村的村民谈起平旺湖景区的开发，都是一脸的期盼之色，他们都希望这一项目会给他们带来新的致富机遇。

千垛菜花景区（杨桂宏摄）

垛田上的万寿菊 09

"田园织成四时景，农业当作风景卖"。千垛菜花风景区经过多年发展，已经逐渐从"一朵菜花"向"春看菜花，夏看荷花，秋看菊花，冬看芦花"的模式发展。目前兴化正在打造100万亩水乡生态涵养区，筹建垛田文化博物馆，将文化和生态元素融入其中……

来东旺村的第三天一大早，太阳还未升起，我们3人便跨过立交桥进入了千垛菜花风景区，"中国重要农业文化遗产"石碑静静立在立交桥下。由于千垛菜花风景区独特的自然环境与早秋的温差，形成了如梦似幻的平流雾奇观，垛田间弥漫着一层薄薄的雾气，花香幽郁，水雾氤氲，宛如梦境。

每一块垛田上都种满了各种菊花，通常是一条垛子上种一种颜色的花，大部分是橘黄色的万寿菊，有的含苞待放，有的半开半闭，有的已经完全绽放。仔细看会发现，万寿菊的花瓣与我们常见的细长形菊花瓣不同，比较宽，花瓣周边有波浪形的皱褶，而且层层叠叠有十几层厚。万寿菊的茎秆上还长了许多小须须，这是万寿菊的气生根，这证明垛田的土壤比较肥沃，万寿菊生长比较旺盛。垛田里还有红色的鸡冠花、白色的杭白菊、黄色的菊花，五彩斑斓，煞是好看。垛子之间的河沟里间或栽种了大片莲藕，宽大的绿色荷叶中点缀着粉色的荷花。千垛菜花风景区里还看不到什么游客，只见两个员工模样的人正在用柴油戽水机给菊花浇水，还有3个上了年纪的妇女蹲在垛田上薅草。

比起春天的油菜花，秋天的菊花还是显得逊色一些。登上4层的观景塔，可以看出千垛菜花风景区明显的边界，因为只有千垛菜花风景区的垛田才种的菊花，呈现绚丽的橘色、红色、白色和黄色，千垛菜花风景区之外的垛田无一例外地都种着芋头、香葱等蔬菜，呈现一派葱茏的绿色景象。因此，从视觉效果上来看，秋天的菊花明显不如春天的油菜花那般壮观，因为春天千垛菜花风景区内外的垛田上全部种满了油菜花，一望无际，并且金黄色的油菜花颜色非常艳丽，视觉效果更佳。

在千垛菜花风景区的东北角，我们也看到了新建的"全球重要农业文化遗产兴化垛田"标志石碑，证明这里也是全球重要农业文化遗产江苏兴化垛田传统农业系统的核心保护区。在景区一些地方竖着"最佳摄

塔前花海（朱宜华摄）

　　影点"的木牌，提示这里的景色很美。千垛菜花风景区里也夹杂种植了一些蔬菜，有绿色的芋头，顶着白色韭菜花的韭菜，还有身躯高大的高粱。

　　9月份，万寿菊已经进入观赏期，大部分的菊花已经开了，中秋节后将是盛花期，花期可一直持续到11月中旬，有两个月的时间。据房东魏老爷子说，现在还不是旅游高峰期，游客很少，中秋国庆期间是旅游高峰期，游客特别多。去年中秋节的时候，千垛菜花风景区统计最多一天门票卖了8万张。

　　以前，东旺村的千垛菜花风景区的旅游旺季是4月，即千垛油菜花盛开的时候，但花期比较短，前后也就1个多月时间。千垛菜花风景区在油菜收获后通常会栽种芋头、香葱等蔬菜，但是从发展旅游业的角度

垛田上的万寿菊（王少岳摄）

来看，这些蔬菜景观显然不能吸引大批的游客。千垛菜花风景区曾经引种过许多品种，向日葵、决明子、波斯菊等，也有好多品种的花非常艳丽，但不是因花期短暂，就是因种植效益不高而不能采用。经过景区管理部门筹划，决定在千垛菜花风景区栽种菊花，打造"春看菜花，秋看菊花"的特色景观。由于花期长，颜色鲜艳，因此万寿菊最终被确定为兴化千垛菜花风景区秋季旅游的主打产品。

万寿菊又名臭芙蓉，为菊科万寿菊属，一年生草本植物。其原产

墨西哥，现在国内各地都有栽培，主要用于观赏和提炼食用色素。万寿菊株高60~100厘米，茎粗壮，舌状花瓣，黄色或橙色，花径可达10厘米。万寿菊为喜光性植物，充足的阳光对万寿菊生长十分有利，阳光不足则茎叶柔软细长，开花少而小。万寿菊对土壤要求不严，以肥沃、排水良好的沙质土壤为好，非常适合在埚田上种植。万寿菊具有药用价值，有平肝明目、清热解毒、祛风、化痰的功效，主治头晕目眩、风火眼痛、小儿惊风、感冒咳嗽、百日咳、乳痛、痄腮等病症。同时万寿菊还是一种有效的杀虫剂，在非洲常被人们垂吊于茅屋下，以驱赶成群的苍蝇，还被种在番茄、马铃薯和玫瑰之间，以防长成的花果成了小线虫的大餐。

万寿菊橙黄色的鲜花中含有丰富的天然叶黄素，叶黄素是一种广泛存在于蔬菜、花卉、水果与某些藻类生物中的天然色素，具有抗氧化、稳定性强、无毒害、安全性高等特点。美国从20世纪70年代开始从万寿菊中提取叶黄素，最早是加在鸡饲料里，可以提高鸡蛋的营养价值。后来叶黄素广泛应用在化妆品、食品、医药产品中。在国际市场上，含10%的叶黄素油每吨售价达12万元人民币，素有"软黄金"的美誉。据统计，目前我国每年叶黄素的产量在8亿克左右，占世界总产量的85%。而每年世界上的叶黄素需求量为13亿～15亿克，缺口大约有3亿～5亿克。作为万寿菊深加工产品，叶黄素晶体（食品医药原料）每吨售价在1500万元左右，经济效益十分可观。而其精加工产品叶黄素软胶囊和叶黄素片剂或水剂，附加值更高。

千垛菜花风景区万寿菊一般在5月播种，7月移植，8月始开花，终花期在11月中旬，整个花期在100天以上。2013年千垛菜花风景区试种了78亩万寿菊，取得了不错的效果。2014年，千垛菜花风景区在油菜收获后开始大规模栽种万寿菊，有1100多亩，此外还种植了200亩杭白菊、50多亩鸡冠花，形成了红、白、黄相间的菊花特色景观。据说，千垛菜花风景区的万寿菊盛开后景区会安排专人采摘，用于提炼其中的叶黄素等成分，每亩能产万寿菊鲜花1万斤左右，收入在5000元左右。万寿菊的栽种也给附近村民增添了新的收入渠道，以村民采摘万寿菊为例，按每斤两角钱来计算，一人一天收入也能达百元左右。加上菊花节的举办，雇用村民划船、打扫卫生，带动当地农家乐经营和农产品销售，其经济效益和社会效益十分显著。

"田园织成四时景，农业当作风景卖"。千垛菜花风景区经过多年发展，已经逐渐从"一朵菜花"向"春看菜花，夏看荷花，秋看菊花，冬看芦花"的模式发展。目前兴化正在打造100万亩水乡生态涵养区，筹建垛田文化博物馆，将文化和生态元素融入其中。

毫无疑问，千垛菜花风景区的万寿菊种植给当

万寿菊（王少岳摄）

地带来了可观的农业生产收益和旅游收益。但是令人感到一些不安的是，这种垛田作物品种的替换、种植制度的改变可能会打破长久以来形成的垛田生态系统平衡，对生物多样性、水土等产生不良的影响，而这种影响也许要经过一段时间才能完全显现出来。因此，对于这种改变我们应当慎之又慎，充分考虑潜在的生态风险。

千垛菜花风景区菊花景观（杨桂宏摄）

埁田景色和"昭阳十二景" 10

凌登瀛仼立垛上，望着瓜圃流光溢彩，听着藤蔓里、草丛下、河浜处的蟋蟀和纺织娘等昆虫鸣唱，看着瓜花上叶片间彩蝶、蜜蜂在飞舞，闻着浓郁的瓜果芳香，恍惚进入世外瓜果园圃中，不由得诗兴大发："种瓜青门外，蔓叶萋以绿。瓜熟食贫人，离离子相续。凯风自南来，冰盘荐寒玉。顷刻气候改，蟋蟀鸣声足……"

　　垛田万岛耸立、千河纵横的独特地貌和美丽景色，在全国乃至全世界都是独一无二的。说起垛田的美景，有一种说法是"春看菜花，夏看荷花，秋看菊花，冬看芦花"。

　　春天到垛田，可以看那千垛油菜花海，蓝天、碧水、金黄的油菜花织就了"河有万湾多碧水，田无一垛不黄花"的奇丽画面。泛舟其中如入迷宫，浓郁的花香让人迷醉，旖旎的田园风光令人流连忘返。垛田的油菜花海，与他处明显不同，因为有了河水的倒映，金黄的油菜花更加灵动起来。垛上是花，水中也是花，似真似幻，让人分不清。

　　夏天到垛田，可以看那沟港湖荡中，红白相间的荷花比比皆是。一眼望去，大大小小的湖塘盛开着鲜艳欲滴的荷花，犹如荷花仙女亭亭玉立，在水面上摇曳着千姿百态、娇媚芬芳的身姿，煞是夺目。此外，盛夏的垛田上还有青绿色的时鲜蔬菜，以及五颜六色的令人垂涎欲滴的时鲜瓜果。垛旁的水面上不时有水鸟飞过，清澈的水中可见游鱼嬉戏，如果运气好还可以看到村民捕鱼捞虾。

　　秋天到垛田，千垛菜花风景区的垛田上十几种万寿菊花五彩缤纷、绚丽夺目。每年中秋节前后，垛田的菱角上市了，就连风中也透着甜、透着香，一闻便让人心旷神怡。那翻菱角的村姑如同仙子在绿波中荡漾。本地的四角菱、红菱、和尚菱、小丰菱、大丰菱都错着季节上市，咬一口香甜粉嫩。垛田的龙香芋也开始收获，这可是舌尖上不可错过的美食。

　　冬天到垛田，可以看成片的芦苇中芦花纷飞，出水的滩涂与波光粼粼的水面相互映衬，南迁的候鸟在此寻食休息，别有一番景色。一入冬，垛田人在房前屋后的河塘边锯断树枝，拉点瓜藤往河里一放，叫"捂重"；到腊月里，用个网四面一围，拉去树枝瓜藤，用大罱子罱鱼虾，什么鳊鱼、草鱼、刀子鱼、昂刺鱼、河虾之类，应有尽有。

垛上晨曦映塔影（王少岳摄）

　　垛田景观自古以来就是当地胜景之一，实际上早在元代便被世人所关注。据说在元代后期，兴化就有"昭阳八景"（昭阳是古兴化的别称）的说法。当时的京城大都命名了"燕京八景"，不久兴化的文人雅士便效仿评点出"昭阳八景"，即"阳山夕照""木塔晴霞""三闾遗庙""景范明堂""沧浪亭馆""玄武灵台""胜湖秋月""东皋雨霁"，并载入《胡元旧志》。明洪熙年间扩充为"昭阳十景"，明万历年间发展成直至今日仍广泛传播的"昭阳十二景"，分别是"景范明堂""三闾遗庙""沧浪亭馆""玄武灵台""阳山夕照""南津烟树""东皋雨霁""龙舌春云""胜湖秋月""木塔晴霞""十里莲塘""两厢瓜圃"。其中与垛田有关的就占了其中的四景，即"两厢瓜圃""胜湖秋月""十里莲塘""龙舌春云"。可以推断，在古人的眼

垛田晨雾（朱宜华摄）

　　中垛田的秋天才是最美的时候，因为除了"龙舌春云"是在春天，"两厢瓜圃"的景色出现的时节是在夏秋之交，而"胜湖秋月""十里莲塘"的景色无疑都出现在秋天。

　　这垛田"四景"中，"两厢瓜圃"的景色和传说与垛田关系最为密切。这里的"两厢"，是指由兴化城外东门泊向东，在沿车路河至得胜湖的南北两侧，方圆有30多平方千米，分布着大小不一、形状各异的垛田，这一带以出产瓜果蔬菜著称，被誉为兴化地区百姓的"果盘子"和"菜篮子"。曾经在一块块的垛田上，长着形状各异的时令瓜果，有当蔬菜食用的色白而硕大的笋瓜，色黄而娇嫩的黄瓜，色青而纤长的丝瓜，色碧而粗壮的冬瓜，翠绿色的菜瓜、西瓜、梢瓜，粉白色的瓠条；有当粮食食用的橙红色蒲团状的南瓜，俗称"奶奶哼"的撕皮烂瓜；有当水果食用的青绿色棒槌状的酥瓜、梨状的香瓜；有当祭品或药物使用的金红色凸脐金瓜……尤为值得一提的是，据《（咸丰）重修兴化县志》（梁志）记载，"两厢瓜圃"景区内还盛产一种曾经列为贡品的珍品瓜果——露果，可惜已经失传，只能从记载中想象它的味道了。清嘉庆六年（1801年），时任两淮都转运使的诗人曾燠在扬州品尝到由兴化县教谕史炳（号恒斋）赠送的产自车路河两岸垛田上的露果，赞不绝口，遂作诗一首，题为《谢史恒斋赠送兴化所产露果》："孤生材易遗，此物吾未知。乍叨故人惠，深感皇天慈。滨海生子薄，地穹天济之。甘露一以霖，雨足阙都弥……谁能盛露去，偏洒千杨枝。物物成善果，兆姓无夭疵。君吟蔓草诗，我蒙素餐讥。连朝得瑞雪，聊慰君所期。"

明弘治元年（1488年）夏秋之交，在礼部会试中独占鳌头的户部侍郎杨果，回到家乡兴化，游览垛田风光，看到车路河南北两厢数以千计的垛田上瓜果累累，顿时诗兴大发："东陵五色旧相传，九彩今看亚两川。雨后婆娑新蔓立，风前娜袅乱花翻。味甘朱火怀王母，色烂金缃忆傅玄。为爱纤绨承白玉，挂冠须筑邵平田。"同时，他将此诗题为《两厢瓜圃》，并根据《周礼》首次将这里命名为"两厢瓜圃"，列入"昭阳十二景"之中。明万历九年（1581年），兴化知县凌登瀛在读了杨果的《两厢瓜圃》后，便乘兴赴车路河南北两厢的"三十六垛""七十二舍"察看瓜果蔬菜的种植情况。凌登瀛伫立垛上，望着瓜圃流光溢彩，听着藤蔓里、草丛下、河浜处的蟋蟀和纺织娘等昆虫鸣唱，看着瓜花上叶片间彩蝶、蜜蜂在飞舞，闻着浓郁的瓜果芳香，恍惚进入世外瓜果园圃中，不由得诗兴大发："种瓜青门外，蔓叶萋以绿。瓜熟食贫人，离离子相续。凯风自南来，冰盘荐寒玉。顷刻气候改，蟋蟀鸣声足……”

如今，“两厢”虽在，但原来的“瓜圃”已不存。几百年来，垛田人在这“三十六垛”“七十二舍”上种过青菜、韭菜、芥菜、苋菜、葱、青蒜、辣椒、莴苣、茼蒿、架豇、菠菜、萝卜、胡萝卜、芋头、蚕豆、豌豆、毛豆、扁豆、茭白、韭蒜、洋葱、番茄、胡椒、包菜、马铃薯、生姜、芫荽、刀豆、辣根、花菜、黄芽菜、大头菜、雪里蕻等近百种蔬菜，也种过蓼蓝、油菜这样的大宗经济作物，每一历史时期垛田种植的蔬菜瓜果或其他作物都会形成它独特的景观，只是给人的观感不同而已，实际上只要垛田和其上的作物能形成与自然环境和谐统一的生态系统，应该都是美的。

“十里莲塘”位于兴化城东，在车路河以南、姜兴河以东、渭水河以西，即今天的垛田镇沙甸村以东、南腰村以北、林湖乡戴家舍以西的区域。这一区域河流纵横交错，垛田星罗棋布，癞子荡、旗杆荡、高家荡、南荡等大小湖荡如翡翠般点缀其间，景色十分秀丽。根据《晋书》等史籍记载，这些湖荡中曾经遍生茭白等水生植物。因此，先民在以捕鱼为业的同时，利用浅水栽藕，深水种菱，并在露出水面的土墩高阜上种植瓜果蔬菜和少量自家食用的五谷杂粮。单从生产效益上看，这些五谷杂粮比不上瓜果蔬菜，但是自家食用方便，目前垛田上很多人家也常种有少量高粱。唐宋以后，兴化先民在这一带利用干涸、杂草丛生的湖荡垦荒，不断垒垛造田，形成了“水网交织芙蓉国，垛圪纵横瓜果地”的奇特垛田地形地貌。

此地的文化风俗透着吴文化的影子。据史书记载，周武王四年（前1043年），周武王分封其伯祖父仲雍的曾孙周章为吴国国君，直至周显王四十年（前329年）越国国君勾践吞并吴国，兴化在长达700多年的历史时期属于吴国辖地，因此形成了许多吴地风俗习惯。《（嘉庆）兴化

水鸟（王少岳摄）

县志》（胡志）[1]记载："自周武王时从泰伯之封为吴，迄春秋皆为吴地"，泰伯"以歌为歌"。可以想象一下，曾经每年夏秋之交，兴化城东的十里荷花莲塘，如杨万里的那首诗所写的一样："接天莲叶无穷碧，映日荷花别样红。"人们举行盛大的采莲（菱）活动，追寻缠绵的男女爱情。青年男女们撑着小船，一边采摘莲蓬、菱角，一边尽情唱起悠扬动听的吴歌《采莲曲》："晚日照空矶，采莲承晚晖。风起湖难渡，莲多摘未稀。棹动芙蓉落，船移白鹭飞。荷丝傍绕腕，菱角远牵衣。"一年一度的垛田采莲（菱）民俗活动不绝如缕，一直延续到民国初年。清代兴化诗人周渔的《采菱曲》反映了当时垛田采菱女子对爱情的美好向往和执着追求："采菱莫采角，菱角芒于针。不堪刺衣带，时时刺妾心。采菱莫采根，菱根随水长。郎行不弃妾，妾愿随郎往。"

垛田玉带（朱宜华摄）

冬日垛田（朱宜华摄）

　　"十里莲塘"景区不仅有秀丽的自然景观，还有独特的人文景观和美丽传说。这一区域的下吴庄有一座供奉东汉秣陵（今南京市）尉蒋子文的"白马将军庙"。东汉时，原籍广陵（今扬州市）的蒋子文将军在追击匪贼时，不幸殉难于南京钟山（紫金山）之麓。三国时期，东吴君主孙权加封蒋子文为中郎侯，并建庙祭祀。此外，据《大树堂冯氏总谱》记载，兴化冯氏始祖冯整早年曾参加过张士诚反元义军，后由苏州辗转定居兴化垛田。其长子冯谅（字永福），官至刑部尚书，以清廉著称，封少保、光禄大夫；次子冯端（字永寿），特授提督、白马将军，诰封中宪大夫，死后葬垛田白马将军庙附近。因此，有人认为，白马将军庙不仅供奉蒋子文，明清时期还供奉冯端。数年前，冯氏第二十五世族人曾从东台市专程赶到兴化，前往垛田白马将军庙寻根，探访白马将军冯端遗迹。当年的古庙中曾立有骑在白马背上的将军塑像，十分威武雄壮。

约明弘治初年，户部侍郎杨果在赴莲塘一带观看采莲（菱）大型民俗活动时，被这里连绵十里的莲塘（菱塘）秀丽风光和热闹的采莲（菱）场景所感动，遂将此景首次命名为"十里莲塘"，列入"昭阳十二景"中。明弘治六年（1493年），兴化知县熊翰在游览"十里莲塘"景区时，联想到北宋哲学家周敦颐《爱莲说》中的名句"予独爱莲之出淤泥而不染，濯清涟而不妖，中通外直，不蔓不枝，香远益清，亭亭净植，可远观而不可亵玩焉"，不由得触景生情，作诗赞美："湖水纡田十里强，绕湖尽是种莲塘……当时独讶濂溪子，底事不为勾漏郎？"明万历九年（1581年），兴化知县凌登瀛又将"十里莲塘"景区列入"昭阳十二景"中，同时赋诗云："我爱周夫子，结庐濂溪下。坐对君子花，晓来露盈把。冥心游太和，玄言手自写。尘世慕繁华，焉知此潇洒？悠悠昭阳滨，余亦同心者。"

千百年来，垛田人的采莲（菱）活动造就了有着兴化水乡灵气的垛田船娘。如今，她们带着娴熟的划船技术和动听的水乡民间小调进入了游客的视线。兴化垛田的美名也通过垛田船娘传向了全国乃至全世界。

"胜湖秋月"中的"胜湖"也就是得胜湖，距兴化城东约6千米，是集名胜古迹、人文景观、自然风光和古代战场于一体的湖泊，历史上，兴化及其周边地区的市民百姓、文人墨客、达官贵人时常来此游览、凭吊或讴歌之。得胜湖湖底较浅，湖水清澈，周围芦苇丛生，每当夕阳西下之时，霞光映照，恰如唐代诗人王勃笔下的"落霞与孤鹜齐飞，秋水共长天一色"。因此，得胜湖的自然风光尤以秋季为佳，久而久之，兴化地区逐渐形成一个秋天去得胜湖赏月观景、游览湖畔名胜古迹的习俗。

明洪熙元年（1425年），兴化籍进士高谷在游览得胜湖时，见月光下的得胜湖波光潋滟，四周的村庄若隐若现，如同蓬莱仙境、海上瀛洲，芦荻在秋风吹拂下瑟瑟作响，勾起他回想古代战事，凭吊抗金、反元英雄们的思古幽情，遂对早在元代中后期由兴化墨客骚人点评的"胜湖秋月"重加命名，列入"昭阳十景"中，并赋诗一首："小船摇碧接孤城，月色澄秋分外明。光澈玉壶栖鸟定，影沉金镜蛰龙惊。渔舟未许张灯卧，吟客惟宜载酒行。何处一声吹短笛？误疑身世在蓬瀛。"明万历九年（1581年），兴化知县凌登瀛游览"胜湖秋月"景区，赋诗吟咏古代水战场："瀛湖薄东溟，湛湛注凝碧。轻阴霁秋宵，皓月腾幽魄。素影射寒波，悠然荐虚白。卧龙忽惊起，满把玄珠掷。我将托素心，乘流信所适。"

清雍正三年至七年（1725—1729年），"扬州八怪"之首郑板桥将自己熟悉的"胜湖秋月"融入人生感怀之中，借景抒情，用［耍孩儿］曲牌作了名扬天下的《道情十首》，即《板桥道情》，描写了社会下层人士的生活境况，寄托了其出世思想。其中的第一首最为传神，描绘了"胜湖秋月"的旖旎风光，表达了对隐居生活的向往和对当时现实社会的不满："老渔翁，一钓竿，靠山崖，傍水湾，扁舟来往无牵绊。沙鸥点点轻波远，荻港萧萧白昼寒，高歌一曲斜阳晚。一霎时波摇金影，蓦抬头月上东山。"无独有偶，清代"扬州学派"前期代表人物、著名经学家任大椿先生对"胜湖秋月"景区流连忘返，创作了史诗《得胜湖怀古》："湖阔草根白，客泪洒天表。大厦已不支，胜败勿复较。月照将

冬景（王少岳摄）

军心，松风挟松到。平湖不听天，气候皆自造。低星避弱水，查竟塞上草。"诗篇中表达了诗人对岳飞、张荣、张士诚等抗金、反元英雄的缅怀之情。

"龙舌春云"景观与古兴化城地形和垛田有关，而那条"龙舌"就是龙津河中的一块南北窄、东西长的垛子。传说古兴化城的地形，像一条巨龙横卧在苍苍茫茫的水乡泽国之中，北城外如"龙尾"，东城外似"龙头"。在"龙头"上，"小尖"一带为上颚，"大尖"一带为下颚，而"小尖"与"大尖"之间长达500多米喇叭状的龙津河（今龙津河市场及以东区域），则似巨龙张开的"嘴巴"。龙津河中有一南北短、东西长的垛子，酷似巨龙口中的舌头，故龙津河又名"龙舌津"。"龙嘴"东南隅的车路河及东北侧的白涂河，又恰似"龙嘴"上两根颤动的"龙须"。两根"龙须"之间，漂浮着许多生长四时瓜果蔬菜的隔岸、高阜、垛子，四周环绕蛛网般的沟、港、河、汊，在阳光和水汽蒸发下，形成了像从"龙嘴"里喷出的"龙涎"，流光溢彩，又如万里蓝天变幻莫测的"春云"景象，十分奇特。

千百年前，由于龙津河河口东门泊水域宽阔，每逢春夏季节，雨过天晴，时常发生被兴化百姓称为"现城"现象的"海市蜃楼"。因此，在宋元明清时期，这里便逐渐成为商贾云集、市井繁荣之地。东门泊、龙津河及与其相连的米市河里一年四季都泊满来自盐阜、泰州、南通、扬州、江南和安徽等地区及本县各地的大小商船；岸上百余家商行、货栈鳞次栉比，其中最具地方特色的六陈行、八鲜行、粮行、鱼行生意兴隆，购销两旺，造就了昌盛数百年的"陈义盛""薛永盛"等老字号商行。

明洪熙元年（1425年），高谷首次将龙津河沿岸、东门泊及其以东"千垛之乡"所构成的自然和人文景观命名为"龙舌春云"，列入"昭阳十景"。明万历九年（1581年），兴化知县凌登瀛又将"龙舌春云"景区列入"昭阳十二景"中。由于"龙舌春云"景区风光与古代楚国"云梦泽"（洞庭湖附近水域）景色极其相似，故人们也将"龙舌春云"景区称为"兴化云梦泽"，同时，根据唐代诗人孟浩然诗句"气蒸云梦泽，波撼岳阳城"制成"波撼气蒸"匾额，悬挂在启元门（东城门）"观海楼"上。

"龙舌春云"胜景命名后，兴化的一些文人雅士一时未解其中奥妙。后来，当他们登上建于明万历二十六年（1598年）的文峰塔顶层，向东北眺望时，清晰地看到"龙头""龙嘴""龙舌""龙须""龙眼"等奇特的地貌，饱览到"龙头"东侧、东门泊以东无数浮在水面的大小垛岸上烟波缥缈，宛若天空春云浮动般的迷人景色，才恍然大悟，为前贤先哲确定景名的匠心独运所折服。

对比古人和今人对垛田景色的描述，我们就会发现，垛田的景色在数百年的历史变迁中已经变化了很多，如今古人眼中的垛田胜景许多已经看不到了，但今天的垛田人又创造出许多更美的垛田景色。

注释

[1]　明嘉靖三十八年（1559年）知县胡顺华主修。

十里莲塘（王少岳摄）

Agricultural
Heritage

戽水

11

浇得远凭力气，而要洒得开，就要靠技巧了。蔬菜多是娇嫩的，特别是那些刚长出来的苗和刚栽下去的苗秧，很怕被水冲坏，浇水就得讲究个"洒"字。就在手脚配合、全身发力扬起水瓢的一刹那，双手有一个手腕动作：扭动瓢柄，将瓢头做一定角度的倾斜，同时往回来个牵拉，这样泼出去的水就会像雨点一般洒向地面，这才是戽水……

垛田蔬菜的生长离不开水，给蔬菜浇水是垛田菜农的主要农活儿。垛田人称浇水为"戽水"。"戽"，原指汲水，即从较低的一端把水提到较高的一端，是一种抗旱灌溉技术。我国很多地区的干旱季节，农民常用戽斗戽水。戽斗是汉族一种取水灌田用的旧式农具，用竹篾、藤条等编成。略似斗，两边有绳，使用时两人对站，拉绳汲水，亦有中间装把供一人使用的。明代徐光启《农政全书》卷十七中记载："戽斗，挹水器也……凡水岸稍下，不容置车，当旱之际，乃用戽斗。控以双绠，两人挈之，抒水上岸，以溉田稼。"

许多古代诗人都曾描写过戽水。例如宋代范成大的《夏日田园杂兴》诗之六中有："下田戽水出江流，高垄翻江逆上沟。"宋代诗人陆游的《村舍》诗之四中有："山高正对烧畲火，溪近时闻戽水声。"

但垛田人戽水的工具则是戽水瓢。戽水瓢由瓢头和瓢两部分组成。瓢头用薄薄的白铁皮敲打而成，长30多厘米，形似瓢样，顶端浅，口部呈弧形，瓢头后部呈圆形，沿口一溜圈铁皮敲卷起来，里面包着铁丝，既增加强度，又没了刃口不会伤人。将这铁皮瓢头固定在2米多长、直径三四厘米的瓢柄末端，就成了戽水瓢，瓢柄一般选用成色较老、有韧性的竹竿。这种瓢头在兴化的乡村或集镇上，敲白铁皮的匠人货摊上就有的卖，很便宜，几块钱一个，手巧一点的菜农自己也会做。房东魏老爷子家里也有两个戽水瓢，不过瓢头形状相差很大，一个又细又长，一个又粗又短，分别适用于不同的戽水需求：用又细又长的瓢洒得远，又粗又短的瓢戽水量大但洒得近。

戽水的农活儿属于重活儿，需要有一定体力的人才能胜任。上了垛，立在人称"脚层"的小坎儿上，两脚分前后站定，双手一前一后握紧瓢柄，瓢柄搁在前脚上方，瓢头伸进河沟舀满水，而后手脚配合，全身用力，运用杠杆的原理，将瓢中之水猛地洒向垛上的蔬菜和庄稼。现

用庐水瓢庐水（朱春雷摄）

在的垛田通常比较宽，这一瓢水要泼出去三五米远，是要把力气的。这力气又不能是死力气，得用巧劲，不然力气再大的人也坚持不了多久。

浇得远凭力气，而要洒得开，就要靠技巧了。蔬菜多是娇嫩的，特别是那些刚长出来的苗和刚栽下去的苗秧，很怕被水冲坏，浇水就得讲究个"洒"字。就在手脚配合、全身发力扬起水瓢的一刹那，双手有一个手腕动作：扭动瓢柄，将瓢头做一定角度的倾斜，同时往回来个牵

房东家的戽水瓢（赵鹏飞摄）

拉，这样泼出去的水就会像雨点一般洒向地面，这才是戽水。

　　戽水除了"远""洒"，还要"匀"。首先，要依据苗情、墒情和气候，来确定浇水量的多与少，该透的透，该湿的湿，有的则只需洒一洒。其次，同一块土地、同一类作物，每次的戽水量都要均匀，绝不可干一块湿一块、轻一片重一片。这当然需要经验，没经验的，爬上岸去看几趟，没浇足的地方再弥补一下就行。

　　垛田有高有低，有长有短，风向也时有变化，所以必须得心应手才能灵活应对。例如高一点的垛岸，则需在垛岸边铲出一条脚板宽的小道，站在这里，戽水才能不偏不倚，距离适中。戽水讲究退步走，这样泼出去的水不会湿了后面的道；顺风时握着长长的瓢柄，舀满一瓢水，高高举起，借着顺风之势用力泼出去，连那最远处的蔬菜也能得到滋润；若是遇到逆风，则戽水瓢要浅舀，低位戽洒，否则，会被逆风顶回来的水淋一身。

垛田蔬菜要经常浇水，盛夏时节不少作物每天要浇两三次水，低矮狭窄的垛田比较好办，如果是过去那种又高又大的垛子就麻烦了。20世纪80年代以前，要给四五米高的垛田上的蔬菜浇水，是一项浩大的工程，首先要在垛子的四周，每隔五六米开挖一组浇灌系统：顶部平面处是一道流水槽，称为"灌槽"，灌槽口垂直向下，每隔1米多的高度，在坡面上挖一个小坑，这叫"戽塘"，最高的垛有四五层戽塘。浇水时，每层1个人，最下边的人将河水舀到第一层戽塘里，第一层的人再把水舀进第二层，逐层传递，直至舀进上面的灌槽。要是在有4层戽塘的垛上浇水，就得有6个人一溜儿站开，上下协同，瓢来瓢往，其费力费时是难以想象的。

临水的垛田，用这戽水瓢给蔬菜浇水最为省事。垛田人只要去垛田上干活儿的，通常都要带上戽水瓢，而且往往会带上两三个。垛田人基本上个个都会戽水，这是基本功，当然戽水的技艺也有高低之分。垛田菜农戽水完全像优美的舞蹈，他们巧用腰胯的力量，戽水时身子往后下方沉，腰腹收紧，小腿肚子上的肌肉因紧张用力而突突直跳，而后，腰用回旋的力道展开，双手顺势一抖，水便呈扇形泼出，这样一松一紧，就像掷铁饼者一样，将戽水瓢中的水甩出很远，连垛田中央的蔬菜也能滋润到。若是全靠臂力把河道里的水凌空泼到菜叶上，保管再强壮的人，泼不了10下，手臂就酸得抬不起来。经验老到的菜农戽水时，不紧不慢，瓢满水匀，能够一面戽水，一面调匀气息，一趟水戽下来，气定神闲，面无疲色。有些菜农还能随着戽水的节奏唱起兴化小调，显然已经把这戽水的活儿干得出神入化了。

在垛田的这些瓜菜果蔬中，要数芋头最难伺候了。5月底，垛田上大面积的油菜籽收获了，菜农便将那些育在一起的芋头苗一一起出，分散移栽到事先挖好的塘里。打这以后，菜农们便扛着戽水瓢，开始了日

垛田戽水场景（朱宜华摄）

复一日的"浇水课"。芋头既离不开水，又怕水多。说它离不开水，是
因为芋头苗自栽入大塘后，需用戽水瓢每天为它浇水。一到盛夏，七八
月份的高温时节，种芋头的垛田人就变得很忙，无论天气多么炎热，只
要不下雨，每天都要给芋头浇上两次水，早上一次，傍晚一次。天旱不
雨时，品种最好的龙香芋一天要浇4次水，小块的垛田水泵等现代化设
备施展不开，就要靠菜农一早一晚，撑着船到自家垛田里，用长柄戽水
瓢戽水。每浇一次水，便是大汗淋漓。如果缺了水，挖出来的芋头个小

籽少，口感极差。说它怕水，是说在浇水的过程中，还不能让芋头长时间地淹于水中，形成渍涝。在渍涝中长出的芋头，烧煮不烂，入口有半生不熟之感。

我们住在东旺村的几天里，最喜欢黄昏时分去看垛田菜农给芋头戽水。现在灌溉村里大块的垛田，大多数菜农都用柴油戽水机戽水，水泵一开，高压水龙能喷出去10多米，垛田中心的蔬菜都能浇到，十分省力。但是有一些上了年纪的菜农，仍然习惯每天用戽水瓢戽水，戽完水后坐在船头一边沐浴在夕阳的余晖中吸烟休息，一边望着垛田上的蔬菜贪婪地喝水，度过他们一天中最惬意的时光。

随着农村经济水平的提高，农业机械化的程度也在迅速提高，垛田大多数菜农已经从并不轻松的戽水中解放出来。20世纪80年代，垛田人开始使用高压水泵浇水，其动力通常相当于一台几马力的小型柴油机，如今已经非常普及。安装在水泥船上，可以在小河小沟任意穿行。近年来也有很多菜农使用柴油机或电动机带动的高压水泵，操作时发动柴油机或电动机，高压水泵就会喷水，可以远射，也可以近喷，方便、省时、省力。垛田人仍然习惯称这种机器为戽水机。房东家便有一台电动戽水机，噪声小，重量轻，用完可以很方便地搬下船来。

罱泥、扒苲和捩水草 12

冬天的鱼沉在水底，有的钻进淤泥里，罱泥时带上来鱼是常有的。不过，罱到的鱼很杂，有黑鱼、鲫鱼、虎头鲨、昂刺鱼、鳜鱼等。运气好时，罱一船泥的工夫，就能凑上够吃一顿的鱼。将这些鱼拿回来，也不用讲究，剖开洗净，加点姜末葱头，再佐些辣椒，和上咸菜，放入锅内一煮，味道鲜美极了……

　　垛田作为一种独特的土地利用方式，与之相适应的有许多有特色的传统耕作方式与农业文化，其中最典型的就是罱泥、扒苲和搣水草。农谚云："庄稼一枝花，全靠肥当家。"垛田施肥以天然的有机肥为主，其主要来源有家畜的粪便、河泥和水草。罱泥、扒苲和搣水草都是垛田利用有机肥的技术方法，也是最能代表垛田特色生产形式的农活儿。

　　罱泥就是用罱子捞取河底淤泥用作肥料。在里下河地区，春天罱泥窖草塘，秋天下湖罱渣，冬天罱泥给麦子浇泥浆。罱泥是在内河，以河泥为主；罱渣，是在湖荡，以水草和湖泥各半为好。罱泥、罱渣，成了垛田男劳力最重要的农活儿。据兴化的老一辈人讲，相传罱泥和张士诚有关。张士诚举兵反元，据高邮而称周王，占平江而封吴王，终为朱元璋擒杀。兴化民间对张士诚很是崇信，也很同情，将他的话当作一定会应验的金口玉言。传说某日，一位老人家将路边碍眼的几粒狗屎铲到河里，偏巧让张士诚看到了，张士诚信口说了一句，河里肥死了，地里瘦死了。从此，兴化就开始罱泥了。这个传说固然不足信，但里下河地区的大规模垦殖开发始于明初，却是有据可查的。因为当时大批的苏州移民携家带口来到兴化，把罱泥的工具和技术从江南带到兴化，也是很自然的事情。

　　罱泥要用船，早先是木船，后来是水泥船，木船船身轻飘，不如水泥船好用。自河底罱上来的淤泥就盛放在中舱里，再运到垛田边。垛田地区水网密布，河底下都有一层沉淀下来的淤泥，因为有水中的动植物在泥里腐烂发酵，淤泥的有机质含量很高，是垛田生产中的一种优质基肥。

　　罱泥的工具一般有3种：罱子、巴刀和渣夹子，使用得最多的当然是罱子。罱子的结构不算复杂，由两根罱篙、一副罱袋以及罱箍、罱子口等组成。取两根比撑船用的篙子稍微细一些的竹篙，将根部弯成对称

罱泥（朱春雷摄）

的S形，便成了罱篙。

　　如果不愿自己做罱篙，可以去竹器店买。买罱篙的时候，竹器店里的师傅已经把篙子的根部弯成了弧状，这个过程叫"拐罱篙"——先将篙子在明火上熏烤，然后再通过一个杠杆装置将其弯曲，经过几番火上熏烤、弯曲、洒水成形，两根篙子的下部最后都被弯成了瓢形的弧状。罱袋的俗名叫罱头儿，它的下半部是用麻布缝成的，上半部是用麻线织成的网，麻布用于盛泥，网用于滤水。两根罱篙的下部用酷似手铐的铁制罱箍将罱篙的弧状部位组成剪刀状。罱篙的下端装着一副铁耙子，耙子的顶端横穿着结实的篾片，叫罱子口，罱头儿就固定在篾片上。当罱

撮水草（朱春雷摄）

泥的人双手将罱篙的尾部叉开，罱子口就张开了，操纵着它在河底向前推进，淤泥就进了网袋。当罱泥的人将罱篙的上部并拢，罱子口就闭起来了，接下来就要向上收罱子了。满满一罱子淤泥足有七八十斤重，出水前因为有水的浮力，并不觉得太沉，关键是出水后向船舱中提放的那一刻就需要有一点技巧了。通常都是先将盛满泥的罱头儿支在船帮子上，握住罱篙上部的那只手用力向下一压，另一只手顺势拎起罱袋，将泥倒进舱中，这就是罱泥人常说的要用巧劲，其实也就是利用杠杆原理。罱泥用的船，过去都是木船，载重量在2～4吨之间，5吨以上的船就稍嫌大了，因为船帮子太高，拎罱子会更吃力。后来几乎都用水泥船，由于水泥船的自重大，船帮子离水面近，因而比用木船罱泥要省力许多。

　　罱泥通常要两个人配合，一人罱泥，一人"拿"船。罱泥的人站在船头，罱泥时，张开罱子口，略向前下方投入水中，碰着河底时，双手分握罱篙向前推。稍后，收并罱篙，往回边拖边走，站定在中舱横梁上，右手下伸，同时运足气力，大喊一声"嗨哟号"，借着罱子在水中所受的浮力，猛力弓身往上提，罱子口张开，一罱子淤泥便落进了船舱。水泥船晃动间，罱泥的人又将空罱子顺势甩向河中。"拿"船的人则立于船艄，用篙撑住，不让船身后退。罱子收起时，船向前行，行大约半里路，中舱也就满了。罱泥是个既需要力气又需要技巧的农活儿，尤其是在收罱子的时候，要晃悠船身，借着水的浮力，得侧身借劲才好顺势提起。清代诗人钱载的《罱泥》诗很形象地写出了罱泥的过程："两竹手分握，力与河底争。……罱如蚬壳闭，张吐船随盈。"诗人的笔下，罱泥充满了诗意。

乡民都说："世上三样苦，打铁、罱泥、磨豆腐。"罱泥无疑是一项又累又脏的重体力活儿，连续几天罱下来，河风吹、太阳晒，人会又黑又瘦，脱去一层皮。生产队时期，农活儿统一分派，人们集中上工、下工，但河泥是不可不罱的，一年四季，特别是田里农事稍闲的冬季，罱河泥就成了主要的劳作。每当到了哪家罱泥的时候，家人必早早地起来，煮早饭时，都会在粥锅里多放几个山芋或面疙瘩，让罱泥的人吃饱肚子不易饿。条件好一些的人家，还会做上几块饼，带到船上，待肚子饿时吃。20世纪六七十年代，一般都是一条船上配两个男劳力，一个人罱泥，一个人"拿"船，他们隔天轮换，各人用的都是自家的罱子，只有"拿"船用的篙子是集体提供的。一般情况下，两个男劳力轮换罱，一天能罱三四船河泥。也有夫妻搭档上一条船的，男人就要天天罱泥，女人只管"拿"船，这样一天最多只能罱两船。那时候，置办一副罱子的费用需要七八块钱，其中罱篙是易损件，最好是一年一换，有的人等到罱篙上裂了缝，

垛田修护（朱春雷摄）

里面灌了水也舍不得换，罱泥就要比别人多费不少力气。罱泥虽然是一项又苦又脏的活儿，还要自掏腰包置办罱子，但因为工分报酬实行的是计件制，罱泥可以挣到比干其他农活儿多一倍的工分，因而男劳力们还是抢着上船罱泥。

当罱的河泥装满了中舱，接下来就要将舱中的淤泥运送到田头的泥坞塘里。这个过程叫攉泥。攉泥用的工具叫攉锨，是用整棵柳木凿成的，形状像个狭长的簸箕，底部刻有纹槽，便于将河泥送得更高更远。攉的时候，人的双手紧握着一人多高的攉锨柄，先是弯腰向舱中取泥，接着用力向上攉，"拿"船的人也是要攉泥的，两个人面对着面，动作还要保持一致。攉泥是一项很吃力的活儿，特别是在春天水位较低的时节，河坎子就显得很高，水平距离也不短，每一攉都要竭尽全力，才能把泥送上去。还有的时候遇到顶风，薄泥浆会被风顶回来，攉泥的人连眼睛都睁不开，一船泥攉下来，浑身都溅满了泥浆。

罱泥主要在冬天和春天，一是初冬给田里的麦子浇泥浆御寒，二是为春天的沤绿肥积塘泥。起初，只在附近的小河里罱泥就行了。之后，泥越罱越少，要转到很远很远的外河和大河才能罱到泥。而这时节的天气也变得越来越冷了，外河的水面大，风也大，也就更冷，特别伤人的手和脸，所以冬天罱泥是很苦的。

秋天罱渣，要到大湖去。湖里水草茂盛，泥渣肥沃，是秋播的好基肥。因湖水较浅，泥渣中水草居多，所以，罱渣的罱子与罱河泥的罱子略有不同：罱渣的罱子，罱篙稍短、罱网稀疏。在生产队时，多数农户家中必备两副罱子，一副是大罱子，即罱渣的罱子；另一副是小罱子，就是罱河泥的罱子。去大湖罱渣当然是带大罱子。天不亮，罱渣的人们就撑着船出发了。一条船两三个劳力，每天都得拉回两大船黑乎乎的湖渣堆积在田头上。

　　罱泥虽苦，但也有乐趣。罱累了，停篙坐在船头上休息，喝上一碗茶，吸上一袋烟，说上几句笑话，是很惬意的。罱泥还能罱到副产品，冬天有鱼，春天有螺蛳。冬天的鱼沉在水底，有的钻进淤泥里，罱泥时带上来鱼是常有的。不过，罱到的鱼很杂，有黑鱼、鲫鱼、虎头鲨、昂刺鱼、鳜鱼等。运气好时，罱一船泥的工夫，就能凑上够吃一顿的鱼。将这些鱼拿回来，也不用讲究，剖开洗净，加点姜末葱头，再佐些辣椒，和上咸菜，放入锅内一煮，味道鲜美极了。

　　20世纪80年代中期以后，垛田已经很少有人罱泥了，而且近年来河泥的质量也在下降。当地农民告诉我，现在的冬天不冷了，麦子不需要浇泥浆了。但当地菜农依然有在垛田边沿罱河泥种芋头的习惯，可以有效保护垛田免遭崩塌侵蚀，罱河泥种出来的芋头特别高，味道也香甜可口。而且垛田菜农都说，如果想要韭菜长得好，还非得罱河泥不可，但需要的量不大。韭菜一年弄两次，春冬两季封河泥防冻，不用在大棚里种；韭菜天天浇水容易把根露出来，需要罱河泥壅根。以前油菜也采用封河泥防寒，现在油菜生产基本上也不再使用这种方法了。

　　扒苲与罱泥尽管都是捞取有机肥，但在工具、方法和捞取的肥料上都有明显不同。"苲"，字典上解释为"金鱼藻等水生植物"。但在垛田，"苲"指的是湖泥与水草的混合物，是垛上常用的肥料。它比罱的河泥厚实，又夹带水草、螺蛳等，比河泥更肥，主要布在芋头田里，壅根又施肥。

　　扒苲的工具是苲耙，有二三十斤重。耙头是铁打的，比翻土用的钉耙头大许多，约1米来宽，10多个耙齿，耙齿长30厘米左右，有些弧度，耙头装在一根2米多长、硬邦邦的竹篙上，耙背部结一块绳网与竹篙连着，构成一个完整的苲耙。

　　扒苲的地点多在湖荡，夏天的"五湖八荡"草丰水肥，水底下满是软软的淤泥和各式各样的水草，是捞取泥苲的好去处。此时，湖边垛上的蔬菜正需要大量的草肥，垛田人家的壮劳力全部出动，都撑着大小船只下湖来扒苲了。

扒苲是个力气活儿，一般的配置是3个壮劳力一条船，船的挽梁上横着绑根竹棍，棍头伸出船帮30厘米左右。船来到湖荡里泥苲多的地方，船头那个人将苲耙丢进水中，苲耙的竹篙逼住船帮伸出的棍头，双手紧握竹篙，两腿前伸，身体后倾，船艄的两个人便一人一边使劲地撑，船只要稍微向前移动一点，苲耙就满了，扒的人用力将苲耙拖出水面，猛地翻倒进船舱。这满满一耙的泥苲足有百十斤。3个壮劳力一天能扒两大船泥苲，那时候生产队里给扒苲的社员记的工分最高，是人们所说的"硬工"。

捞取泥苲的另一种方法叫"挖苲"，挖苲的工具是一种装有木柄的四齿铁叉，铁齿长30厘米左右，有明显的弧度，垛田人叫它"苲叉"。比起扒苲，挖苲比较自由随意，挖苲人将船行驶到湖荡的浅水处，便跳进水中，用苲叉将水下泥苲挖起，再甩进船舱，装满了就运送到需要泥苲的垛田上。将泥苲弄上垛田并非易事，通常需要3个人合作，船上一人，岸边一人，垛上一人。船上的人用苲叉将泥苲从船舱中放进岸边人的水斗里，岸边人将泥苲再倒进垛上人的水斗里，垛上人将泥苲倒在作物行间或空地上，最后还得动手将地上的泥苲撸平，或者在芋头等作物根部壅好。这最后一道活儿，垛田人叫作"布苲"。

掫水草的工具，是用两根粗细匀称、结实有韧性的竹竿，锯成2米左右长短，离根部50厘米左右用细麻绳扎起，便成了"掫管"。麻绳要扎得不紧不松，紧了竹竿叉不开，松了不好用力。掫水草的菜农找到水草茂密的水面，便放下撑篙任船漂在水上，拿起掫管，让两根竹竿叉开，斜着伸向水下，然后用力并拢两竿，然后就像小孩夹面条那样，转动竹竿让水草缠绕上去，再用力一拖，一团水草就被连根拔起浮上水面，再用攟管挑进船舱就可以了。这水草可是个好东西，垛上的瓜瓠、茄子、韭菜、芋头等蔬菜都需要这种有机肥。在蔬菜的根旁、行间布上一层水草，遮阴保湿又肥田。

那时垛田种蔬菜都讲究在作物行间布水草，条条垛岸上都要布，一批水草烂掉了还要布第二遍、第三遍，因此水草的用量特别大。附近河沟湖荡里的水草都攟光了，就得行船外出，到北面的中堡、沙沟、宝应和东面的大丰那些地方去攟。那时候的夏季，每天都能看到一些叫"水草帮子"的船，船上堆起高高的方方正正的水草垛子，船舷擦着水面，由北向南缓缓归来。如今，很少有菜农布水草了，大多改为布小麦秸秆和油菜秸秆。

近些年来，与其他地区的乡村一样，从事垛田农业劳作的菜农大多是些中老年人，年龄大、文化程度低，很难适应农业现代化的发展要求。垛田土地面积并没有减少多少，但由于年轻劳动力外流，壮劳力迅速减少，传统的罱泥、扒苲、攟水草一类的力气活儿便逐渐被人们遗弃，传统垛田的农耕技术传承受到比较严重的威胁，以河泥和水草为主的天然有机肥的使用在逐渐减少，以复合肥和尿素为主的无机肥使用迅速增多，农作物尤其是蔬菜品质保障面临着严峻挑战。并且，由于很少有人罱泥、扒苲、攟水草，时间一长，垛田变得越来越矮。大河小沟由于常年没有人罱泥，垛田岸土坍塌以及秸秆禁烧后造成的乱抛，导致了许多河沟不畅，水草丛生，淤塞严重，河水富氧化现象日趋严重。再加上有机肥投入减少，化学肥料和农药等投入逐年加重，导致了垛田的土壤与农产品质量下降，环境有恶化的趋势，这些不禁令人对垛田生态系统的未来发展生出许多担忧。

興化的水文化 **13**

　　兴化是名副其实的苏中水乡，水是兴化的灵魂，也是兴化的特色所在。水不仅养育了在这方水土上生产生活的居民，而且孕育了兴化深厚的历史人文底蕴。兴化众多的湖泊和水荡、密布的水网、一块块垛田和一座座水乡村镇，形成了特有的兴化水乡风光和水文化……

　　水无疑是人类生存、生产、生活最重要的资源，在古代，人们总是逐水而迁、傍水而居。水不仅是生命之源，也是文明之源，人类文明大多起源在大江大河流域。自古以来，兴化就与水结下了"不解之缘"，特殊的地理位置和水乡特色使兴化的水文化内容十分丰富。在兴化，几乎每时每刻都能感受到那独特的水文化，从垛田风貌、生产劳作到水乡特产、饮食起居，乃至民俗活动、方言俚语。

　　兴化古称"楚水"，境内河道纵横交错，湖泊星罗棋布，在全市2393平方千米总面积中，水域面积占了近1/4。古代兴化的水域面积更大，垛田地区更是有"三分土地七分水"之说，被誉为"鱼米之乡""贤达水乡"，垛田风光更是独具特色。

　　广义的水文化是人类创造的与水有关的物质财富与精神财富，包括人对水的认识、对水的利用、对水的治理。狭义的水文化仅指与水有关的精神财富，即广义水文化中改造和提升人类自己的文化总和。兴化的水文化按照表现形态大致可分为3类：第一类是物质形态的水文化，它们是兴化水文化的表层，是展示水文化的有效载体。第二类是制度和行为形态的水文化，它们是兴化水文化的中间层次，是联结物质水文化和精神水文化的纽带和桥梁。第三类是精神形态的水文化，它们是更深层次的兴化水文化。

　　首先我们来看看兴化各种物质形态的水文化，主要包括各种具有人文烙印的水利工程、建筑、饮食、服饰、水乡特产，以及经过改造的自然环境和人文景观等。

　　兴化是名副其实的苏中水乡，水是兴化的灵魂，也是兴化的特色所在。水不仅养育了在这方水土上生产生活的居民，而且孕育了兴化深厚的历史人文底蕴。兴化众多的湖泊和水荡、密布的水网、一块块垛田和一座座水乡村镇，形成了特有的兴化水乡风光和水文化。

地笼（朱宜华摄）

在与水打交道的过程中，兴化人民养成了在困难面前不低头、坚韧不屈、百折不挠的性格，并把与水有关的各类日常生活赋予了丰富的文化色彩和文化内涵，形成了具有一定特色的文化景观和文化现象。兴化垛田无疑是兴化范围最广、规模最大，也是与水有关的、最为宝贵的农业文化遗产。兴化垛田并不是天生的，而是兴化水文化的积淀。兴化先民们为了抵御洪水，不断垒土成垛，才形成了今天的垛田生态系统。如今江苏兴化垛田传统农业系统已被评为中国重要农业文化遗产、全球重

挖藕（王少岳摄）

要农业文化遗产，成为迄今为止世界上唯一的水乡垛田景观。

　　水乡泽国和千年古韵也孕育了兴化独特的水乡风貌和人文景观。兴化的胜景，无论是古代的"昭阳十二景"，还是现代的旅游风景区，大多与水有关。"昭阳十二景"中的"沧浪亭馆""玄武灵台""东皋雨霁""龙舌春云""胜湖秋月""十里莲塘""两厢瓜圃"都与水有关。如今与水关系密切的千垛菜花风景区、乌巾荡风景区、李中水上森林、万亩荷花景区以及大纵湖、得胜湖风景区，吸引了八方游客。可谓无水不成景，无水不旅游。

　　兴化自古就是鱼米之乡，盛产优质大米、小麦。兴化还是全国水产重点市，淡水渔业资源十分丰富，水产品四时不绝，鱼、虾、蟹、鳖、螺、蚌、蚬层出不穷。兴化有鱼类 56 种，分属 10 个目、28 个科、46 个属，主要鱼类品种有青鱼、草鱼、白鲢、鳙鱼、鲤鱼、鲫鱼、鳊鱼、鲈鱼、黄鳝、鳜鱼、麦穗鱼、银鱼、鳗鱼等。水生蔬菜有茭白、慈姑、荸荠、菱角、芡实（鸡头米）、水芹、芋头、荷藕等。据统计，兴化生态河蟹养殖面积 72 万亩，产量 4.5 万吨，产值超过 20 亿元，全市农民人均纯收入中有 35% 来自于以生态河蟹为主的水产业，2008 年兴化被中国渔业协会河蟹分会授予"中国河蟹养殖第一县"称号。"兴化大闸蟹"获得地理标志和集体商标使用权，远销俄罗斯、日本、韩国等国家，以及中国香港、中国台湾地区。兴化青虾年产量 1.65 万吨，占全省青虾产量的 1/6，占全国青虾产量的 1/10。楚水、千垛、金沙沟牌青虾获国家级无公害水产品质量认定，楚水牌青虾、冻青虾等还是江苏省名牌产品。

捕鱼（朱宜华摄）

罟（朱春雷摄）

撒网（王少岳摄）

兴化的渔业资源非常丰富，所以捕鱼就成了兴化人获取生活资料的
重要途径。从捕鱼到烧鱼、吃鱼，有着丰富多彩的渔文化，包括各种捕
鱼工具、捕鱼方法、渔民风俗禁忌和艺术，构成了兴化水文化的重要组
成部分。刘春龙以兴化地方渔事为专题的散文集《乡村捕钓散记》，生
动地描述了许多捕捞技艺、捕捞工具和餐桌上难得一见的水产品，展现
了兴化人独特的生存智慧和生活方式，还因此获得了江苏省第四届紫金
山文学奖。

　　靠山吃山，靠水吃水，丰富的物产资源为兴化的饮食文化提供了物质基础，兴化人用自己的勤劳和智慧创造着物质财富，享受着大自然的恩赐。从大的方面说，兴化菜属于淮扬菜系，淮扬菜与鲁菜、川菜、粤菜并称为中国四大菜系。淮扬菜始于春秋，兴于隋唐，盛于明清，素有"东南第一佳味，天下之至美"之美誉。淮扬菜选料严谨、因材施艺；制作精细、风格雅丽；追求本味、清鲜平和。"醉蟹不看灯，风鸡不过灯，刀鱼不过清明，鲥鱼不过端午"，这种因时而异的准则确保盘中的美食原料来自最佳状态，让人随时都能感遇美妙淮扬。其中"中庄醉蟹"早已名声在外，18 世纪就已经成为进京贡品，1898 年还曾获南洋国际物赛会金奖，1984 年获江苏省名特优产品称号，1997 年获绿色食品标志，2003 年获江苏省名牌产品称号。

　　历史上唐代李承修建的捍海堰、宋代范仲淹修建的范公堤、明代刘廷瓒修治的绍兴堰以及纪念范仲淹的范公祠等都是与治水有关的物质形态的水文化。

　　兴化先民在遍及城乡的许多临水之处建有龙王祠庙，这些也是物质形态的水文化。古代兴化人认为，每一条河流、每一处湖泊都有一条神龙在主宰。《（咸丰）重修兴化县志》（梁志）中说，得胜湖"湖心有潭，白龙居之。龙归则湖水澄澈，龙去则浮苴满湖"。又云"亢旱祷之，立降澍雨。今湖东有龙王庙，苏州西山寺亦有兴化白龙王祠"。兴化旧城区四面环水，被称为"龙地"。东城为龙头，于是便有了龙头、龙珠、龙舌津等古代地名，甚至还由此衍生出"昭阳十二景"之一的"龙舌春云"的自然景观。兴化最大的一座龙王庙——利泽龙王庙便出现在清代的龙珠岛上（今兴化自来水一厂厂址）。据说清光绪年间知县刘德澍奏报朝廷兴化龙王显灵，光绪皇帝便御书并册封兴化龙王为"利泽"。

　　我们再来看看兴化的制度和行为形态水文化，包括与水有关的规章制度、风俗习惯、宗教仪式，如龙王庙会、三官庙会、茅山会船节等。

　　曾经畏水、敬水、爱水的兴化人创造了形式多样的与水有关的文化活动。在每年的农历五月里，兴化城有规模浩大的"龙珠盛会"（办会地点在东门外龙珠桥），届时将抬出被敕封为"利泽龙王"的龙王塑像巡视民间，是时，全城轰动，万人空巷。到廿五再办一次小龙王会，同样香烛燃焚，百姓膜拜。民间又言此日天气必阴，龙王乘舟从乡间小庙回归故地（东门龙王庙，现已无存），眼角常常带有泪痕。而从东门泊水系进城河一路向东进入得胜湖，那里则盛传为白龙王的领地，《（咸丰）重修兴化县志》（梁志）载得胜湖"湖心有潭，白龙居之。龙归则湖水澄澈，龙去则浮苴满湖。亢旱祷之，立降澍雨"。直至今日，兴化城乡各类庙会都以舞龙为巡会主体，兴化茅山镇的水上庙会——茅山会船节更是热闹非凡，有舞龙队伍近百支之多，还有数百条船参加的会船表演赛。

　　兴化民间对三官的崇拜，实际上主要是对水官的崇拜，源于上古时期的自然崇拜。三官即天官、地官、水官。在渔猎和农耕时代，兴化大泽茫茫，天地之间唯有水。人们祈求天官赐福、地官赦罪的同时，更祈求水官解厄。风调雨顺、五谷丰登是兴化先民千百年来的梦想。道教典籍《无上秘要》将天、地、水三官的原型附会成尧、舜、禹，水官即

兴化茅山水上庙会——
茅山会船节（朱宜华摄）

上古治水英雄大禹。可见，对三官的崇拜本质上依然是对水体和治水英雄的双重崇拜。因此在唐代便出现了安丰奶奶庙。安丰奶奶庙不仅供奉三官，还供奉三官的母亲——3位奶奶，即龙王的3位女儿，实质上依然是水的本体。明代以来，兴化城乡各地多设三官堂、三官殿或三官庙，并且有了三官庙会或三奶奶庙会，多在每年的农历正月或二月间举行。

水乡人的衣食住行都离不开水、离不开船。船也成为水乡人民俗行为的重要载体，一年一度的茅山会船节就是最好的例证。茅山清明节撑会船竞赛的习俗由来已久，起源于南宋期间茅山地区人民协助山东义民在茅山缩头湖大败金兵的一段真实历史。每年清明节前后，千船云集，号子震天，水花翻飞，欢声笑语飘向远方。成千上万的群众和来宾共赏会船盛况。它集中反映了里下河地区的典型民俗风情。

兴化在长期的历史进程中逐渐形成水乡的民间特色文化，留传下的非物质文化遗产非常丰富。中华人民共和国成立初期，茅山号子曾经唱进中南海；林湖栽秧号子"格上段"被艺术院校选入音乐教材；"竹泓传统木船制作技艺"于2008年入选"第二批国家级非物质文化遗产名录"；荡湖船、高跷、莲湘、龙舞等传统民俗活动也不断推陈出新。2014年11月，"茅山会船"经国务院批准列入

你争我赶（王少岳摄）

"第四批国家级非物质文化遗产代表性项目名录"。

兴化还有着极为丰富的精神形态水文化，包括与水有关的思想意识、价值观念、宗教信仰以及文学艺术等精神性成果的创造。如治水思想与文化，水崇拜，以水为题材创作的神话传说、小说、诗歌等。

兴化治水历史悠久，治水思想和文化丰富，为了纪念范仲淹，兴化形成了延续近千年，以"先天下之忧而忧，后天下之乐而乐"为核心的"景范文化"。

兴化的水滋润了兴化的文化，养育了兴化的人才。古人一般认为，多水的地域有裨于人文的昌盛。水的确给兴化带来了千秋文运，兴化曾经出现过众多的文学巨匠和文化名人。自南宋咸淳至清末光绪年间，从这里走出了262名举人、93名进士和1名状元，在当时苏中县市中十分罕见。这方神奇的土地孕育了一批又一批人中之杰，他们中有古典文学巨著《水浒传》作者施耐庵；明代文学家、道教内丹东派始祖、《封神演义》的作者陆西星（一说许仲琳）；明代文学家、"后七子"之一的宗臣；明代宰辅高谷、吴甡；明代"状元宰相"、《西游记》校改并定稿者李春芳；"扬州八怪"中的郑板桥、李鱓；清代《四库全书》编纂者之一、文学家任大椿；清代著名文艺理论家、有"东方黑格尔"之称的刘熙载；明末清初文学家、史学家李清；等。近现代更是人才济济，如清末民初国学大师李详；植物学家、中科院院士李继侗；能源化学专家、中科院院士朱亚杰；生化专家、中科院院士钮经义；核物理专家、中科院院士李德平；生物工程专家、中国工程院院士王振义；国际森林病理和昆虫学家、中科院学部委员任玮；等。

兴化还传说郑板桥之所以能够写出著名的如乱石铺路的"六分半书"板桥书法，就是那千姿百态、韵味十足的一块块垛田给了郑板桥创作的灵感。据说施耐庵的《水浒传》写作活动与垛田地区也有着密切关系。志书和兴化民间都倾向于认为施耐庵写水泊梁山的灵感来自他在得胜湖边对"水浒港"的地形观察。许多兴化人都认为，没有万千垛田构成的迷宫，哪有水泊梁山神秘的意境？没有水乡泽国流淌的湖荡，哪能写出"浪里白跳"这样传神的水上人物？

兴化文脉自屈原、至范仲淹、施耐庵、郑板桥、刘熙载一路延续至兴化当代的作家群体，从未间断，被今人称为"兴化文学现象"。20世纪80年代以来，兴化涌现出一大批有成就的作家，形成了一个作家群体，毕飞宇、费振钟、王干、顾保孜、朱辉、庞余亮、顾坚、刘仁前以及一大批中青年作家，创造了文学领域的"兴化现象"。在2005年至2006年不到一年的时间内，兴化籍作家不约而同推出了以故乡为背景的长篇小说：毕飞宇的《平原》、朱辉的《白驹》、庞余亮的《薄荷》、顾坚的《元红》、刘仁前的《香河》、刘春龙的《深爱至痛》，在江苏乃至全国文坛引起了极大的震动。深厚的历史文化底蕴为"兴化文学现象"的产生筑牢了根基，水乡生活的艰辛与水文化的多样性极大地丰富了兴化作家的生活经历，也培养了他们对水的亲切之情。许多从兴化走出去的作家，都毫无例外地在作品中写到垛田和水乡文化，毕飞宇、费振钟、王干、刘春龙……他们的作品里常常能看到兴化水文化和垛田的影子。其中，刘春龙的长篇小说《垛上》更是充斥了垛田人的日常生产生活场景，被称为"极具里下河风情的，一个村庄的小史诗"、里下河"平凡的世界"。

兴化的水崇拜是行为形态水文化的一个重要组成部分。千百年来，兴化先民认识自然、利用自然，有一个漫长的历史进程，水崇拜正是这种历史进程中所产生的一种历史形态。水崇拜主要是历代兴化人民反映在民间信仰、民俗及宗教信仰方面对水本体及历代治水英雄的崇拜，例如对龙王、三官、玄武、妈祖的崇拜等。即使与水关系不大的神祇，到了兴化，也与水联系起来。如明代东岳庙、关帝庙都曾在神像座下掘井一口，以寓洪水之意，神祇坐而镇之。至今，在民俗、庙会中还保留着不少水崇拜的历史痕迹。兴化还有很多与水有关的美丽民间传说，比如"压龙王消弭水患""泥马过河""九龙八卦阵""会船祭清明""武陵溪桃源缸顾""海池畔撰写《桃花扇》"等。

　　近年来，最能代表兴化水文化的歌曲当数《梦水乡》，它是著名词作家阎肃、作曲家孟庆云为兴化量身定做的歌曲，首次演唱是在2003年10月29日的第六届中国板桥艺术节，首唱为江苏前线歌舞团的著名女歌手朱虹。《梦水乡》歌词儒雅而精练、朗朗上口，旋律柔美、抒情，带有浓浓的水乡色彩，如今已成为兴化市的市歌。

　　　　笑望海光月，轻叩板桥霜

　　　　微风摇曳竹影，我的梦里水乡

　　　　笑望海光月，轻叩板桥霜

　　　　微风摇曳竹影，我的梦里水乡

　　　　万亩荷塘绿，千岛菜花黄

　　　　荟萃江南秀色，我的甜美故乡

　　　　万亩荷塘绿，千岛菜花黄

　　　　荟萃江南秀色，我的甜美故乡

　　　　绿色兴化情系八方

　　　　碧悠悠的岁月，暖烘烘的心肠

　　　　总把美丽融进水上森林

　　　　赠你一路芬芳

　　　　绿色兴化，扬帆远航

　　　　新崭崭的面貌，实在在的小康

　　　　奋举勤劳双手点燃朝霞

　　　　托出兴旺富强

　　　　笑望海光月，轻叩板桥霜

　　　　微风摇曳竹影，我的梦里水乡

笑望海光月，轻叩板桥霜

微风摇曳竹影，我的梦里水乡

万亩荷塘绿，千岛菜花黄

荟萃江南秀色，我的甜美故乡……故乡

万亩荷塘绿，千岛菜花黄

荟萃江南秀色，我的甜美故乡

兴化水文化是兴化地方文化中个性最为鲜明的一种文化形态，源远流长，博大精深。"水"承载了古老兴化的历史文脉和文化遗产，也激发着现代兴化的生命活力和文化创新。

兴化市第九届乌巾荡龙舟赛

水乡的船

14

这些手艺人做的是游动生意，杂帮船到了一个村庄，总是选择在比较热闹的码头停靠下来。拾掇妥当后，手艺人便开始上岸寻揽生意。他们一般以挑担走街串巷为主，或吆喝叫卖，或设个临时摊点。箍桶匠挑着箍桶担子上岸，吆喝一声"箍桶哦……"，立即引来众多村民招呼：有主妇拎来木桶修理，有庄汉拿来粪桶换底，还有大娘要箍个新澡桶的……

兴化地处里下河水网平原，河网密布，是名副其实的苏中水乡。水乡人的衣食住行都离不开船。"水从房前过，出门就坐船"。在车马不便、公路交通不发达的年代，兴化人生活、出行、劳作等一切活动都离不开船，船成为水乡人出行的工具，劳作、居住、交易乃至谈情说爱的场所。尤其是在垛田地区，沟连着港、港连着荡、荡连着湖，水抱着垛、垛连着庄，日积月累形成"水田弥望，沟浍环匝，一村一舍之隔不通陆路，必济舟梁"的景观，所以有着"无舟楫不行"的说法。临近河边的垛上人家均有一个独用的水码头，离河边远一点的人家定然在公巷顶头合造一个公用码头。直到20世纪70年代末，兴化很多村镇没有船都是进不去的。20世纪80年代老兴东公路建成通车，垛田镇才结束了"无舟楫不行"的历史。

过去兴化最常见的莫过于小划船、帮船、杂帮船、农用杂船和商船等。那时候，每逢庙会或集市，兴化城内南北、东西市河及城外四周河边泊满了来自本县和周边乡镇到兴化城看庙会、观光、买卖、敬香、求医问药、探亲访友的各式商船、杂船、运输船等。但现在除了小划船、运输船和景区的游船，其他的船已经不多见了。

垛田地区家家户户都有船，种田大户一家有几条船也不新鲜。最为常见的普通小划船没有船篷，也无任何附属设施，江南地区则称之为"赤膊船"。这种船操作简便，只需一个人一支篙便可行遍湖荡沟汊。它虽然简陋，却用途颇广，能装载各种货物（水货或干货），也能运载各类牲口和家禽，有时还能顺便搭乘几个人，是河流中数量最多的船。房东魏老爷子给我们介绍说，20世纪60年代以前，垛上人家都用木船，通常一年要修一次，费用很高，如今请一个修理工一天得200元，再加上材料，使用成本高，不划算。20世纪70年代以后，兴化开始出现水泥船，使用成本低，也不需要修理。所以现在农民家里基本都是水泥船，

垛田油菜花（王少岳摄）

一条船大概800元钱，一般可用10年左右。现在也有使用玻璃钢船的，1300多元一条，船身比较轻，容易摇晃，不太适合农家使用。

兴化旅游业发展起来后，景区出现了一些游览船，有船篷，比较好看。例如千垛菜花风景区的游览船用的是仿古的木船，分为电动船和小木船，电动船较大，可载三四十人，小木船则最多容纳6人。魏老爷子告诉我们，千垛菜花风景区的这些木船船底容易烂，每年都要修，比较麻烦，现在景区正打算给这些木船换上玻璃钢船底。

在兴化，过去人们把具有固定航线、定时起航和到站的客运木帆船称为"帮船"，这是水乡地区过去最常见的大众交通工具，带有经营性质，相当于今天的公交汽车。最初的帮船是一种小篷船，船舱的两边各安放一张长椅，乘客均匀地分坐两边，以保持平衡，小的只能乘4个人，大的能乘七八个人，中间是通道。开帮船的兴化人也称"荡帮船的"，仅靠一支竹篙两支桨，有风时将竹篙直插在船中央，拉起个小布兜做风帆，船家在船尾用一支桨做舵，遇到顶风还得上岸拉纤。大的帮船可容十几人甚至几十人。据老年人讲，20世纪50年代前后兴化还有开往上海的帮船，这种开长途的帮船稍大些，有船舱，能乘十几个人。那时去一趟上海很不容易，乘客要备足食物，女人家还得带上小便桶。帮船白天开，晚上得找个安全的地方停靠，一路颠簸。特别是过长江更是令人胆战心惊，遇到风平浪静的天气还好，若是遇上风大浪大或涨潮的日子麻烦可就大了，有时要在江边住上10多天，等风小潮退才敢过江。据老人们讲，过去乘帮船去一趟上海最多得个把月时间。20世纪60年代末，帮船一度改成用柴油机带水泵的喷水船，后来又纷纷改成了挂桨机船。这时的帮船也由木船改为水泥船，船上架有铁皮包的船篷，可以放些重的物品，改用挂桨机的帮船行驶速度比以前快很多。帮船给水乡人们的出行、购物、经商带来了便利，成了垛上人上街的桥梁。帮船除了载客外，更多的是载货。诸如盖房用的钢筋水泥，种田用的化肥农药，农家饲养的猪崽雏鹅，村办小厂的产品，赶集的农副产品，小贩的鱼箱虾篓，乃至从烧腊摊收购来的猪头下水。帮船不但给垛上人带来了方便，也带来了欢乐和希望。每当从镇上开回的帮船快要到码头时，岸上总聚集着不少翘首以盼的大人小孩。船靠岸后，妻子忙着帮丈夫搬物，孩子高兴地从爸爸手中接过装有糖果的大礼包，充满祥和快乐的气氛。20世纪80年代，称得上是水乡帮船的鼎盛时期，每天清晨站在码头或大桥上，都可以看到通往各地的机动小帮船，往来穿梭，络绎不绝，汽笛喇叭声、帮船机器发动声此起彼伏，遥相呼应，勾勒出一派热闹的水乡风光。但近年来，随着公路和桥梁建设的迅速发展，水乡的汽车通往四面八方，除了十几班客车，还有不少的出租车、大大小小的货运卡车，一打电话随喊随到，水乡的帮船也就逐渐地消失了。

过去在兴化河湖港汊行驶的船只中，有一种被称为"杂帮船"的停靠家船。它用杉木钉制，以独特的造型有别于其他船只。船头、船艄翘起，前后有船篷，中间的船舱上有顶板，两侧舣板上开有推拉小窗。船头是放置生产工具及原料的地方。船舱是吃饭睡觉的地方，船艄搁一锅腔，是烧饭做菜的厨间。许多手艺人，诸如铜匠、锡匠、白铁匠、箍桶匠、秤匠、扎匠等，就携妻儿老小住在这种船上。他们常年穿梭于里下河的各个村庄，用他们的手艺赚钱养家糊口。杂帮船经常是结帮而行，结帮而停靠。这些手艺人做的是游动生意，杂帮船到了一个村庄，总是选择在比较热闹的码头停靠下来。拾掇妥当后，手艺人便开始上岸寻揽生意。他们一般以挑担走街串巷为主，或吆喝叫卖，或设个临时摊点。箍桶匠挑着箍桶担子上岸，吆喝一声"箍桶哦……"，立即引来众多村民招呼：有主妇拎来木桶修理，有庄汉拿来粪桶换底，还有大娘要箍个新澡桶的。扎匠挑着担子，扯开嗓子，吆喝一声"扎家伙哦……"，村民们听到这熟悉的声音，纷纷将家中的坏笆斗、破柳匾、旧簸箕拿来请扎匠修理。铜匠和锡匠则是另一种经营方式，每到一处总是选择一块开阔地方，男主人支起炉子，摆开各式各样的模具，女主人拉着风箱生火，霎时间，烟雾弥漫，炉中生出红红的火苗。锡匠浇铸的品种较多，有酒壶、香炉、蜡烛台、锡尿壶等。铜匠则浇铸铜勺、铲子、冬天取暖的汤婆子、烘炉子。没有浇铸的时候，男主人们打磨半成品器具，女主人和小孩肩挑着两头有篓子的担子，篓子上方挂有做饭炒菜的铜勺、铲子等铜器，他们不需吆喝，只要一走动，那担子上铜器便相互撞击发出"叮叮当当"的响声，听到这清脆的铜器声，人们就知道换铜勺、铲子

扁舟一叶伴春光（王少岳摄）

的来了。有的从家中取出旧铜件，和他们兑换新的铜件，家中没有废铜的用户干脆就拿钱买新铜器。白铁匠和秤匠一般在自家的船头加工做活儿。他们会在停靠的码头展销自己的产品，有时也会挪到村庄中心推销。杂帮船的前舱篷下是白铁匠和秤匠的工作间，他们坐在矮小的皮匠凳上劳作。白铁匠在铁皮上放样下料，然后举起木榔头"乒乒乓乓"将铁皮敲打成农家浇水用的浆斗子、戽水瓢等样式。秤匠则按星秤的一道道工序制作，或刨秤杆，或钻孔，或抹水银，他身旁的木架中竖立着一杆杆红棕色发光的新秤。杂帮船上的匠人们自由组合，经常结帮而行，白天做过生意后，晚上就会小聚一番，有时每个船只轮流做东，几杯小酒落肚，早把一天的辛劳丢到身后。这些杂帮匠人也被称为"河港手艺人"，他们常年过着水上流动生活，赶庙会、奔集市，每到一处，生意好的话能住上十天半个月；生意不好，一两天就起锚奔赴下家。20世纪50年代以后，农业实行集体化，政府对杂帮匠人这群流动人员实行了管理，成立水上居委会。后来这些匠人逐步卖船上岸定居，就地经营，再后来，这些匠人老了，祖辈传下的手艺无人继承。这些老行当渐渐被现代工艺所替代，退出历史舞台，成为一个个历史沧桑的印记。

兴化水乡这么多船自然少不了造船的，说起造船，在兴化最有名的当数竹泓镇了。竹泓镇原名竹横港，历史上曾是出海口，由于经常发生洪水，受到水流冲击后的毛竹横于此处，故名。早在宋代范仲淹修筑范公堤之前，竹泓镇上就有了制造沿海捕捞渔船为主的手工作坊。明代以来，竹泓镇以制造农用船和内河捕捞渔船为主产业，到清末，竹泓镇木船制造已成气候。当时竹泓镇有造船作坊20多户，以周、郑、陈、王、冯、崔、李等几大姓为主，所造木船用途已由农用、渔用拓展至交通、商贸、邮运等领域，并建立了专门的造船行业组织"森福会"。1949年前何家垛的船行是兴化地区最大的船行，竹泓镇的木匠把木船造好，都撑到何家垛来销售。如今兴化传统木船制造技艺所能追溯的代表性人物主要有清朝同治年间的周国贵、光绪年间的周宏才，以及民国初期的周福友等。

兴化木船的种类主要有鸭船、秧船、渡船、龙船、披风船、捣网船、拉网船、长渔船、脚划子、海溜子、旅游船等。内河农业、渔业生产的木船，沿海捕捞生产的海船等大船也选用部分桑树、榆树为筋做龙卡、龙骨，辅以铁钉、麻丝、石灰、桐油等。整个造船过程中的生产工艺均采用纯手工制作。制作过程中没有图纸，全凭造船师傅的眼光和经验。兴化木船制造技艺工序多，且环环相扣，工艺难度很大，整个造船工序主要分10个步骤：选料、备料；断料、配料；破板；分板；拼板；放样；投船；打麻、填灰；油船；下水。制作木船的器具主要有大锯、大料锯、狭条锯、刀锯、木尺、角尺、墨斗、划齿、斧头、牵钻、手钻、槽刨、短刨、粗刨、滚刨、长刨、送钉、分凿、钝口镰凿、快口镰凿、灰齿、码口、斜刹、走刹、盘头、拉夹、扒箍、麻绳、千斤夹钳、斫凳、灰臼、铁钉、铁锅等 40 余件。目前，全镇专业从事木船生产的工匠仍有50余户近 70人，年产各类小木船近4000条，广泛应用于农业生产、渔业生产、交通运输、城市景区、观光旅游等领域，产品行销全国10多个省、市，并已有300多条木船销往日本、荷兰、德国等国家。

2006年12月，由竹泓镇申报的"木船制造工艺"项目成功入选"江苏省首批非物质文化遗产名录"。2008年6月，"竹泓传统木船制作技艺"成功入围"第二批国家级非物质文化遗产名录"，2009年5月公布的"第三批国家级非物质文化遗产名录代表性传承人名单"中，"竹泓传统木船制造技艺"项目代表性传承人周永干上榜，成为兴化市首位国宝级"非遗"传承人。目前，竹泓镇政府成立了木船制作工艺研究所，专业从事木船制作工艺保护、开发研究，以及新一代竹泓木船制作工人的培养工作。竹泓镇还建有渔船建造展览馆，拥有200多种大小木船及木船制作工具资料。

在水乡行船下田，因为距离不远，加上河窄水浅，一般都是用篙子。再窄的小河，只要船能进的，都能撑篙，再说篙子在船上不占多大空间。因此，用篙子撑船就是一种最常用、最原始的短距离行船方式。虽然垛上男女都会撑船，但在兴化，夫妻俩下田，大都是女的撑船，男人则坐在船头悠闲地抽着烟。兴化人有句顺口溜："兴化东门何家垛，女将撑船男将坐。"说的就是这一现象。用篙撑船是一项体力活儿，同时又是一项技术活儿，一支篙子在手上既要通过它用力使船前进，又要利用它掌握船的方向。每向河里插一篙子都是有讲究的，要根据风向、水流和船的行进状态决定下篙子的角度。撑惯了船的老手，能让船在河面上始终保持一条直线向前行进，船头下面能听到"呼呼"的水声。而刚刚学撑船的人，往往拿着篙子不知道往哪儿用力，很难控制船的前进方向，一会儿斜到左边，一会儿又歪到右边，老走蛇形，多费了许多力气，船速还不快，甚至船在河中转圈的现象都有可能发生。垛上人家的女人们撑船本领一点也不比男人差。罱河泥时，大都是男人罱泥女人"拿"船，"拿"船的女人只凭一支篙子，既要顶住罱子在河里推进时产生的反作用力，又要使船在河中缓慢地向前移动，没有点技术可不行。

撑船的篙子的根部大都要安上一个铁钻，钻的

捕鱼（朱宜华摄）

形状根据用途不同分好几种。撑船用的普通篙子，篙钻的形状是个U形叉，主要目的是篙子在河底不打滑，又不至于陷得过深。有一种L形的篙钻，这种篙子俗名叫挽篙，主要用于钩住岸边的建筑物将船停下来，种田时不大用得到，只有出远门时才用。还有一种篙钻是一根圆锥形的铁棒，叫独钻，停船的时候将装有独钻的那种篙子深深地插入河底，就可以当锚用了。现如今，年轻人中会撑船的已经不多了，主要是因为这些年来兴化的公路、桥梁建设得到了前所未有的重视，除了装运粮食和肥料也就不大需要用农船了，即便用船也大都是用机动的挂桨机船。不过，篙子作为一种辅助的行船工具还在用，就连载重几百吨的铁船上也都会备上一两支大篙子。

20世纪70年代以前，没有柴油机和挂桨机，划桨和摇橹是出远门时常用的行船方式。划桨又称趟桨，在兴化方言里叫"挖桨"。在载重不足1吨的小划船上，一个人用两只手同时划两支桨，两根桨桩对称地插在船两旁的船帮子上。稍大些的船就必须两个人一前一后地同时划，后面的那支桨叫"头桨"，划头桨的人必须是弄船的老手，因为他要兼做舵工。前面的那支桨叫"二桨"，划二桨的人只管用力划，不管船的行进方向，因而女人和半大的孩子也能划。近年来，千垛菜花风景区的船娘驾船都是划双桨，这件事说起来还是有故事的。原来到垛田摄影的许多摄影家觉得船娘撑船的篙子太细，如果拍远景几乎看不出来，远不如桨在照片上的表现力好，于是摄影家们纷纷让船娘划桨以便拍摄。这些摄影家确实很有审美眼光，船娘荡船划桨的摄影作品获得了广泛的好评，以至于划桨渐渐成为千垛菜花风景区船娘们统一的行船方式。但这种为了追求效果而改变原有习俗的案例是需要引起广泛重视和深入探讨的，尤其是在农业文化遗产保护中更应注意去伪存真的问题。

对于行船的人来说，摇橹的感受比起划桨要更舒畅一些，由于它不像划桨那样总是弓着腰，所以省力许多，所以有"一橹三桨"的说法。摇橹时需要用橹来回摇动拨动水，利用水的反作用力推进小船，同时还要把握好船前进的方向，因此需要更高的技巧。摇橹的关键就在于推拉之间要调整橹板的板平面与橹板运动方向的角度，而这就取决于在推拉橹柄时左手要牵动橹索的一个小动作，这显然不是一天两天就可以掌握好的。在小木船上架一支小橹，如果风不大又不是逆水，一个人慢慢摇速度也挺快，当遇到逆风逆水时就要加一个人帮忙，那个帮忙的人就叫"吊橹帮"。出远门行顺风船是船民们最惬意的事。许多船上都备有简易的篷帆，顺风时扯起篷帆来"朗风"，只要一个人"拿舵"，不要花多少力气，一天就能行好几十里路。不过那种好事不大容易碰到。水乡人在行逆风船时会自我调侃，把逆风叫"进财风"。还有一个顺口溜："得时当头顶，倒霉遇顺风。"

如今，靠人力行船的时代已经渐行渐远，很多农家的小船都装上了挂桨机，柴油挂桨机2000多元，电瓶挂桨机1000多元。挂桨机船开起来又快又省力，但是到了狭窄的河道中，还是用篙子比较方便。垛上的年轻人大多数会开机动船，有不少人还学会了开汽车，垛上人家也基本上都有三轮电瓶车，有汽车的也不稀奇。虽然水乡人的出行方式正在慢慢改变，但水乡的船仍然是许多人最深刻的记忆，也仍然是许多水乡人现实生活中不可或缺的一部分。

垛田景色（朱宜华摄）

兴化的庙会

庙会期间兴化城内非常热闹，可谓盛况空前。主要街区张灯结彩，焚香点烛，祭坛林立；大街小巷人如潮涌；上千家商行店铺商品琳琅、顾客盈门；几十座寺、庙、观、堂，香客不绝、烟雾缭绕；南北四门几十家茶社、酒楼、客栈、浴室欢声笑语、人满为患；"更新""新民"两大戏园和"瑞芳""裴福兴"两座书场，以及"都天庙""三官堂""城隍庙"里的戏楼等公共娱乐场所好戏连台、座无虚席……

庙会是中国古老的传统民俗文化活动，也是集市贸易形式之一，其形成与发展和地庙的宗教活动有关。《辞海》中这样解释庙会："亦称'庙市'。中国的市集形式之一。唐代已经存在。在寺庙节日或规定日期举行，一般设在寺庙内或其附近，故称'庙会'。"

在兴化水乡一直流传着众多民间庙会，历久不衰，成为兴化民俗文化的一大特色。兴化地区的庙会大约始于明代，兴盛于清代。据有关史料记载，自清嘉庆年间起，兴化县府为顺应民间对水文化和古代英雄人物的崇拜与信仰，同时为推进地方商贸业的繁荣、增加地方财税收入和满足城市建设的需求，将民间自发而松散的小型庙会予以整合，形成三大民间庙会。规定每年一度以商贸界（同业公所）为主体牵头组织，即农历五月十二日举办"城隍会"，五月十六日举办"都天会"，五月二十日举办"龙王会"。为此，兴化城10个规模较大的行业同业公所（公会）组建了10班大会，即蔬菜行业的"万福会"、米业行业的"积福会"、估衣行业的"多福会"、南货行业的"降福会"、柴草行业的"接福会"、竹业行业的"庆福会"、京广绸缎行业的"增福会"、布业行业的"锡福会"、酒业行业的"普福会"和典当钱庄行业的"聚福会"。所有大会根据自身的经济实力和人员情况，配置各具特色的迎会所需乐器、旗帜、盖伞、木牌、亮牌、面具、宫灯、服饰、香亭、香炉等行业道具，并拥有固定的议事和保管存放迎会用品的场地。目前，兴化城尚完整地保存两座同业公所建筑，为省内外所罕见。其中蔬菜行业的同业公所"万福会"，坐落在东城外大尖米市河东侧，竹业公所会址则位于东城外竹巷拐弯处，门额砖刻"竹业公所"4个隶书阳文大字依然清晰可见。每年出会期间，兴化城其他各行业如茶社、酒楼、脚班（搬运）、渔行、银楼、木业、酱业、医药、理发、浴室、旅馆、犁木、手工作坊、戏班剧团、书场、小商小贩、手艺人等三百六十行，以

香烟缭绕（朱宜华摄）

及其他各界人士都以不同的民俗文化艺术形式参与庙会行列之中。

清末，通常进入农历四月，兴化城各行业同业公所便开始为三大庙会做准备。一是备好迎会经费和一套执事，即仪仗队所需的各种牌、伞、旗、幡、锣鼓、抬阁、化装用品等；二是确定人员组织分工，确定有关"约驾""朝庙"事项；三是指导、布置落实出会路途中祭坛的摆设、浮桥的架设、道路的修整和一些宣传发动工作；四是举行同业公所

庙会上的小朋友组图（王少岳摄）

负责人及有关老板、绅士、名流、僧侣代表会议，协调行业公会出会次序，布置"城隍会""都天会""龙王会"内外及周边环境整治事宜。

旧时兴化每年农历五月中旬，是比较清闲的时期，农村里的三麦、油菜籽均已收割进仓，秧苗也已栽插完毕。兴化三大庙会选择此时举行十分适宜。由于三大庙会集中在10多天的时间里举行，庙会期间兴化城内非常热闹，可谓盛况空前。主要街区张灯结彩，焚香点烛，祭坛林立；大街小巷人如潮涌；上千家商行店铺商品琳琅、顾客盈门；几十座寺、庙、观、堂，香客不绝、烟雾缭绕；南北四门几十家茶社、酒楼、客栈、浴室欢声笑语、人满为患；"更新""新民"两大戏园和"瑞芳""裴福兴"两座书场，以及"都天庙""三官堂""城隍庙"里的

看戏（王少岳摄）

戏楼等公共娱乐场所好戏连台、座无虚席。西城外大小校场里、东城外文峰塔一带的广场，拉洋片、吹糖人、捏面塑、耍猴把戏、演杂技、摇碗、套泥人等无所不有；传统民间风味小吃诸如汤圆、糖粥、五香螺蛳、馄饨、豆腐脑、凉粉、热粽子应有尽有。城内南北、东西市河及城外四周河边泊满了来自本县和周边县镇的大小商船、帮船、运输船、住家船和农用杂船等，恰似一幅流动的《清明上河图》。

历史上，除了兴化城里的"城隍会""都天会""龙王会"三大

庙会表演（朱宜华摄）

庙会，在兴化郊区和乡村还有"三官会""关帝会""太平会"和只供不迎的"东岳会""蚂蚱会""斗香会"等众多庙会。兴化庙会参与人数之多、形式内容之丰富、涉及面之广、影响之深远，居里下河地区之首，并且形成了特有的庙会经济，推动了当地经济、文化和群众文体娱乐活动的发展。兴化庙会在20世纪80年代以后陆续恢复。据不完全统计，目前兴化所辖30多个乡镇2400多个自然村庄中，有各种形式内容不同、规模大小不一的庙会组织300多家。其中，以"都天会"最多，其次是"东岳会""龙王会""三官会"等。目前"昭阳庙会""东岳会""都天会"已被列入"兴化市非物质文化遗产名录"。不过现在大多数兴化人只知道庙会热闹，却很少有人了解这些庙会的文化内涵。比如"都天会"的由来，一种说法是为了纪念唐朝末年"安史之乱"中抗击安史叛军的英雄张巡而举办的；另一种说法是为了纪念元末起义领袖、兴化白驹场人张士诚，据说张士诚死后，吴人多立庙私祀，为避免朱元璋及其部下的诛戮，不敢明目张胆地为张士诚建庙，而托于张巡，称"都天大帝"。"龙王会"顾名思义就是祭拜龙王的，因为兴化容易发洪水，所以乡民都崇拜龙王，祈求他能根治水患造福一方。"三官会"则是对天、地、水的信仰祭拜，体现了人们对大自然的敬畏。

我们一行住宿的东旺村每年农历三月廿六也有东岳庙会，据说是里下河地区村级庙会中颇负盛名的大型庙会之一。据村民韩老爷子讲，东旺村东岳庙会已经有500多年历史，庙会敬仰的是东岳大帝黄飞虎。说起20世纪八九十年代的东岳庙会盛况，韩老爷子仍然抑制不住兴奋之情，当时几十里内的很多村民都撑船来赶庙会，村里一条几十米宽的马狼河停满了船，有好几里长。

明清以来对东岳大帝的身世主要有两种说法：一种是东方朔在《神异经》所说，为盘古王的第五代孙金虹氏，主宰地曹十八层地狱及世人生死、贵贱和官职，是万物之始成地，这一说法被道教承认并载入道经中。道家认为他设置了七十二司，分别负责管理各项事务。另一种说法则认为东岳大帝就是《封神演义》中的黄飞虎，这种说法在兴化民间更为流行。《封神演义》一书中写道：商朝末年，纣王受妲己蛊惑，荒淫残暴，为了满足自己的淫欲，连黄飞虎的妻子也不放过。黄飞虎之妻为保贞节自杀身亡。黄飞虎的妹妹是纣王的妃子，在痛斥纣王之后被摔下摘星楼致死。黄飞虎身负家仇，和老父、二弟、三子、四友带家将反出五关，投奔周武王，被封为开国武成王，一起讨伐昏庸暴虐的纣王。在兴周灭商的战争中，黄飞虎战死于渑池（今河南省渑池县）。周武王评价黄飞虎"威行天下，义重四方，施恩积德，人人敬仰，真忠良君子"。姜子牙特封黄飞虎为五岳之首、东岳泰山天齐仁圣大帝，总管人间吉凶祸福。

泰山神东岳大帝在全国各地都有庙宇，其中河南、山东、陕西、山西、湖北、湖南、河北、江苏等地较多，一般东岳大帝塑像都是和帝王造型一样，头戴紫金冠，手拿笏板，身穿黄色龙袍，上面绘制有龙腾、七彩云、潮水等图案，威风凛凛。其居高临下的造型一般在庙殿中央，身边分别为金童玉女，两边站班神像也是雄赳赳气昂昂的，手执宝剑和银枪。

东旺村原来的东岳庙有前殿、后殿及东西两个偏殿，庙内神像十分威武，历史很悠久。现在的东岳庙是20世纪80年代后重建的，规模已远不如从前，仅有一间大殿，大约宽10米，进深6米，高8米，门口有一对石狮子，大门上方悬着一块横匾，上书"岱宗锡（应为"赐"）福"4个字。庙前广场上有一座高约7米的5层香炉，上面有"泰山寺"3个大字，据说旧庙天井原来有一大香炉，8个成年男子也抬不动，20世纪60年代时被毁。

如今东旺村东岳庙会定在每年的农历三月廿六。传说很久以前东岳庙会定在农历三月廿八，这一天是泰山神东岳大帝的诞辰，后来为了错开农忙，东旺村、中堡镇、陶庄、焦庄等村镇的东岳庙会就改在农历三月廿六。实际上各村镇的东岳庙会时间往往不同，林湖西丁、戴南顾庄、戴窑焦勇、垛田芦洲等村的东岳庙会仍然定在农历三月廿八，戴南唐家庄东岳庙会安排在农历三月初八，茅山、张郭东周卜庄的东岳庙会安排在农历三月十八，获垛郜家的东岳庙会安排在农历八月廿八。

东岳庙会是东旺村一年一度最隆重的活动，到了这一天，东旺村在外工作的年轻人不管多忙都要想办法回来。在东旺村，春节抽不出时间回村的村民，庙会这一天一定会赶回来，几乎东旺村所有的村民都会参与这场全村大狂欢。一方面村里的老人们认为，参加庙会拜菩萨会给一年带来好运；另一方面，村民外乡的亲戚也会在这一天赶来看庙会，增进感情，村民家里最多的要接待五六桌客人吃饭。所以近年参与东旺村庙会的人数，至少有五六千人。庙会时段全村家家户户不仅要在自家门口烧斗香、放鞭炮，还要到庙里烧斗香、敬菩萨。

东旺村东岳庙会自古就有严密的组织和纪律，由17个班会组成，分别是判官会、胡判会、小高跷会、大高跷会、旗班会、万福会、全福会、茶房会、普福会、隆福会、吉福会、集福会、利班会、红皂班会、青皂班会、大轿会、路祭会。这17个班会，古时又分为三班六房，三班即：旗班会，利班会，红、青皂班会；六房即六福会，指万福会、全福会、普福会、隆福会、吉福会、集福会。每班都有自己的头领和固定的会员。据说他们的分工及行使的职能，就和明朝苏州府升堂理事判案的分工和职能范围十分相似，他们也都说这是自己祖先于明洪武年间从苏州迁民到兴化后，世代沿袭的民风民俗。这17个班会来自东旺村各个组，班会里的成员并不是随意组合，而是根据传承，每班都有自己的头领和固定的会员，原来上一辈是万福会的，到了子孙辈必须还在万福会。因为这个原因，有的班会人员众多，像旗班会达到160户，万福会有120户，人员最少的是普福会，只有18户。班会的道具和扮演的角色也有相对固定的要求，判官会、小高跷会、大高跷会自不必说，集福会、利班会的村民主要是扮演监斩官和刽子手，这是由苏州"五人墓"典故演变而来的，表现的正是明天启六年（1626年）苏州市民反"阉党"暴动事件，庙会上的5个"死囚"戴着枷锁，后面都有监斩牌，正是"激昂大义，蹈死不顾"的苏州市民暴动领袖颜佩韦、杨念如、马杰、沈扬、周文元，据说他们为保护苏州市民被魏忠贤党羽所杀，死后受人世代纪念。每个班会都有万民伞，多的有10把，少的也有8把，另还有龙旗、横幅、道具、戏服等，由各班会自己置办，所需费用也是班

庙会舞龙（朱宜华摄）

会里的村民平摊。现在的东岳庙会会长郊广银是整个庙会的总指挥，数千人出行的先后次序、衔接、仪式都由他来安排。

东岳庙会主要程序有清街、约驾、点卯、请驾、出会、收会等环节。

清街：举办东岳庙会前一天，由"马皮"清街。所谓"马皮"，是兴化古代"巫傩文化"的现实遗存。江苏泰州人徐辛2002年创作了81分钟的纪录片《马皮》，2003年10月该片参加英国SHEFFIELD（谢菲尔德）国际纪录片电影节，首次向世界展示了兴化"马皮"的真实记录。"马皮"行走时脸部"穿锥"、"执大鞭"（一种铁制的手杖法器）、赤膊，穿红裤；另有一人跟随敲锣，将迎会队伍要走的道路巡查一遍，如发现有障碍之物，"马皮"会停下以大鞭指着，敲锣人会大声呼喊，要有关村民立即清除。其实这"清街"还有另一层意思，即告知众人"明日迎会"。

约驾：举办东岳庙会的前一天晚上，由东岳庙会会长、各班会负责人、判官等人，跪拜神像之前，祷告明日几时请驾"出巡"，保一方平安。之后，通常还要给泰山神东岳大帝洗尘更衣。其时，三牲供奉，点香燃烛，鸣炮奏乐；百姓跪拜叩首，连夜诵经。

点卯：约驾后的午夜时分，也就是东岳庙会当日子时前后，于东岳庙内，由主持人手持庙会成员（一般为村庄里16岁以上男性村民）花名册，按照顺序逐一点名，每念一姓名，便有人应一声"有"。花名册上所载全体会员，必须每人点到，但不要人人到场，多由所属"班会"负责人代应一声。实际上也就是庙会的集中、组合、听训的过程，和古装戏文中老爷升堂，三班六房点卯的形式差不多。

请驾：即将东岳大帝神像请上出巡所坐神轿。首先要给神像换上出巡服装，接着举行"马皮"穿锥仪式，即嘴巴里刺进一根长4尺8寸 [1] 的铁锥；再就是文判、武判前来朝神。东岳大帝神像被专人从神座抬下坐上神轿后，8名差役打扮的轿夫列队于神轿两侧，待命抬驾出巡。

出会：这是庙会的重头戏。出会时间一般定在午时，即11点到13点之间。如遇大雨，则顺延。到了预定时间，迎会队伍按照一定顺序、一定路线，缓缓前行。一般是"马皮"在前面开道，兴化民间认为"马皮"可以辟邪，"马皮"大鞭上系的红带或符，都成为人们争相购买的纪念品，图的就是吉利。后面是4人抬的"王令官"神像，他相当于东岳大帝的助手。接下去便是头锣、彩旗横幅、硬伞软伞、乐队、龙队、腰鼓队、莲湘队、挑花担、挑茶担、荡湖船、踩高跷、打花鼓、舞河蚌、和合二圣、八仙过海、香亭花篷、大头娃娃、丫叉小鬼、五人墓等。最后，便是东岳大帝神驾，神驾前有头戴衙帽、身穿黑衣、肩扛"肃静""回避"木牌、手握皂板的皂班会护卫。东岳大帝神像坐在八抬大轿上，在东岳大帝神像前面有8个持香炉烧"大香"（檀香）的使者引路。

收会：迎会队伍沿着街巷走遍村庄后，大约两个小时后，便返回东岳庙中收会。"王令官"神像走在巡游队伍前面先回庙，等东岳大帝神像回到东岳庙时，4个人抬着"王令官"神像退出庙门，立于大门口向位于神位前的东岳大帝"拜"二十四拜，就是由人抬着"王令官"神像按前低后高的次序，连续做24次。"拜"完，"王令官"神像回归东岳大帝东侧神位，将神像从神轿重新抬回神台，换回"日常服饰"，"马皮"卸去脸上的长锥，大小会长、"马皮"、文判武判等再次膜拜燃香烛，敲锣打鼓放鞭炮。至此，庙会活动就告一段落了。

根据习俗，各班会在庙会这天都喝酒聚餐，中午庙会上的小贩可到东岳庙厨房吃斋饭，有几名年纪大的老奶奶在厨房做义工为大家服务，四面八方来东旺村摆摊做生意的小贩吃饭可酌情付费。东旺人更是把今天当成邀亲待友的最好日子，家家像过年，早就准备了丰盛的饭菜，庙会的这一天，家家都到客，最少不少于一桌人。各班会的村民也都不在东岳庙里吃饭，因为他们都安排专人在指定的人家聚餐。有的村民家里来了客人，还得回家陪客人聚餐，等晚上聚餐散席，庙会才算圆满结束。虽然作为庙会已经圆满结束了，但东岳大帝神像还没有请回宝座，要等到两天之后，也就是农历三月廿八东岳大帝生日，村民们来东岳庙拜过东岳大帝后才能正式将其请回宝座。

庙会在全国各地世代延续，历久不衰，已经成为我们民族传统文化的一部分。它既是宗教的，又是世俗的，充分反映了农民群众祈求风调

庙会场景（朱宜华摄）

雨顺、五谷丰登、太平安康的朴素愿望，以及自我组织、参与节庆、自娱自乐的心理表达。兴化的庙会年复一年地上演着，作为一种传统民俗得到保护并得以传承，它凝聚起兴化人对精神家园的守望之情，又是一年中难得的团聚机会，更是垛田人农闲之余庆丰收和祈求平安幸福的一次狂欢。

注释

[1] 1寸约等于3.33厘米。

外来移民与"洪武赶散" **16**

正是由于其特殊区位环境和历史因素，使得兴化成为一个以移民为主体的区域，这些移民带来的外来文化对兴化的经济、文化、语言等产生了重要影响，不同的地域文化在此交融、积淀，从而形成了一个独具地域特色的文化区域。当我们仔细考察兴化的地方文化时却发现其受江南文化的影响很深，这就和历史上著名的移民事件"洪武赶散"有关……

　　兴化因陆路交通不便，又地处偏僻，自古极少卷入战争，民众少受兵燹之灾，再加之土地肥沃、物产丰沛，南宋以前的兴化堪称"世外桃源"。特别是对于那些躲避战乱的外来移民而言，水网织就的兴化是一处理想的避祸之所，因此便有了"自古昭阳好避兵"的说法。《（康熙）兴化县志》（张志）载诗云："我邑独少宛马来，大泽茫茫不通陆；外人羡着桃花园，万钱争租一间屋。"元末明初的大文学家施耐庵在《赠顾逊》一诗中云："年荒乱世走天涯，寻得阳山好住家。"诗中的"阳山"也是兴化的别名。

　　历史上兴化的外来移民主要来自中原地区和江南地区。魏晋以后，尤其是南唐和宋金时期，由于中原地区连年战乱，中原百姓大量地向相对安定的江淮地区迁徙，迁入兴化的不在少数，他们将先进的中原农业技术和中原文化也带到了兴化。明代兴化更是移民不断，至明万历十一年（1583年），兴化人口已近13万人，而且每年以17‰的增长速度递增。外来移民不仅带来了他们的方言和文化，也推动了兴化经济的发展，兴化特有的垛田就是江南移民在此开垦荒滩的成果。明清时期，特别是入清以后，兴化丰腴的物产和广阔的市场吸引了大量客商来此经商。据地方文献记载，仅当时兴化东门外大街一处就聚集着70多个行业300多家商铺、商行，一时这里被誉为"金东门"。就行业而言，当时的兴化茶庄绝大部分为徽商或扬州等地的客商经营；酱园则多为镇江商人所开办；药店的创办人多来自于扬州或安徽；而在兴化南货行和典当业中占据着重要地位的杨氏家族则来自于句容县戴家村。这些商人在此经商，在获得丰厚利润的同时，也推动了兴化商贸业的繁荣。可以说，兴化的戏剧、曲艺、饮食和方言等都深受外来文化影响。例如饮食。"早上皮包水，晚上水包皮"是许多人理想中的生活状态，兴化饮食在兼具苏州、淮扬两大风味的同时，逐渐形成了自己的特色，创造了

垛田（王少岳摄）

独特的兴化饮食。关于兴化方言，有人曾经做过考证，认为兴化话是以古代楚方言为底层，以吴方言为强势外来方言，明代以来又开始受北方话引导而形成的方言形态，而这种方言构成恰恰反映了兴化历史上几种典型的外来文化要素。

此外，历史上兴化也有向外移民的时期，南宋以后由于黄河夺淮变为常态，兴化洪灾频发，往往每隔几年就有一场惨绝人寰的大水。元末兴化更是不断遭受自然灾害侵袭，加上兴化作为元末起义军领袖张士诚的大本营和根据地，成为交战的主要战场。这些导致兴化百姓往往在灾年流离失所，被迫逃亡外地谋生。元朝末年百姓更是大量逃亡，导致人口锐减，全县人口不足万人，许多土地荒芜。据说明初朱元璋为了报复，将许多兴化人强行迁往天津，所以天津人现在的口音与兴化人很相似。

正是由于其特殊区位环境和历史因素，使得兴化成为一个以移民为主体的区域，这些移民带来的外来文化对兴化的经济、文化、语言等产生了重要影响，不同的地域文化在此交融、积淀，从而形成了一个独具地域特色的文化区域。当我们仔细考察兴化的地方文化时却发现其受江南文化的影响很深，这就和历史上著名的移民事件"洪武赶散"有关。

元末红巾军起义，江淮地区成为当时义军和元军争夺的主战场之一，战争破坏严重，再加上兴化地区水患严重，蝗灾频发。据《（嘉庆）兴化县志》（胡志）载，"元大德元年八月大蝗"；"天历二年，兴化、宝应二县，水没民田"；"至顺三年、四年，江水溢至宝应、兴化二县"。洪水、饥荒、战乱迫使兴化百姓大量地逃亡，土地荒芜。据《嘉靖·维扬志》记载，当时江淮地区"地旷衍，湖荡居多而村落少，巨室小，民无盖藏"。据《元史》记载，元末淮扬一带人口的损失更是令人吃惊。原本扬州路一司二县五州九县共计人口1471194人，249466户；高邮府高、宝、兴三县共计50098户。到了明洪武初年，扬州城内土著居民则仅40多户，《明太祖实录》中说当时农村是"积骸成丘，居民鲜少"，处处是"人力不至，久致荒芜"。

明洪武年间，天下初定，出现劳动力严重不足，土地大片抛荒，财政收入剧减的局面，《明太祖实录》载，明太祖深知"丧乱之后，中原草莽，人民稀少，所谓田野辟，户口增，此正中原之急务"，于是采纳菌州苏琦、户部郎中刘九皋等人的奏议，采用移民屯田的方法，有计划地将人口从密度较大的江南、山西等地区向江淮平原转移，发展经济，开垦荒地，增加中央赋税。这次大规模的人口迁移从明洪武二年（1369年）一直持续到永乐七年（1409年），长达40年，前后共计移民18次之多，移民总数超过百万人，迁民地区涉及今天的18个省市的500多个县市。这就是历史上著名的"洪武赶散"事件。

今天的兴化人大都会告诉别人，自己祖籍是苏州阊门的，因"洪武赶散"从苏州迁来兴化的。因为从古至今，他们的祖祖辈辈都会说"依自阊门来"。明初朝廷迁苏州等地士民充实淮扬等地，大批江南百姓被集中在苏州阊门，强行迁往江淮地区，到洪武二十四年（1391年），兴化人口陡增至63177人，人口较元末陡增6倍多，是江南移民进入的有力佐证。《（民国）续修兴化县志》卷一记载：境内民族除土著而外，迁自姑苏者多。据《苏州市志》记载："洪武四年、洪武五年将阊门的富户百姓迁至苏北沿海灶区（盐区）。"这里的苏北沿海灶区便是指兴化等地。根据现存的地方志及族谱资料，兴化大部分居民原籍苏州，于洪武初年陆续迁入。据说明太祖朱元璋为了加强中央集权统治，抑制江南地区富豪望族的势力，惩治张士诚旧部和大批拥戴张士诚的苏州居民，也为了快速恢复经过战乱后人少地多的江淮地区经济，遂强行将苏州城内数十万百姓迁往江淮地区，属于"政治移民"。据《（嘉庆）兴化县志》（胡志）载元末时兴化有3160户，人口有8628人。至明洪武二十四年有9535户，人口达63177人。从兴化地区元末至明洪武二十四年的人口对比情况来看，兴化地区在这一时期因部分原籍居民回乡屯田，及"悉撤业归（的）淮商（及）徙家于淮（的）西北商"，还有被政府强行遣送到此屯田的流民等，兴化地区的迁入人口总计比元末增加了54549人，无疑其中有很大一部分为外来移民。

关于苏州阊门移民的说法有很多传说和争议。《（民国）续修盐城县志》载："元末张士诚据有吴门，明主百计不能下，及士诚败至身虏，明主积怨，遂驱逐苏民实淮扬二郡。"据《江苏乡土报》的撰文，朱元璋登基后，正月十五大放花灯，苏州府的花灯样式是牧童骑在老水牛背上，怀里抱着个大西瓜。据说是揭朱元璋和皇后马娘娘的短（朱元璋年轻时曾偷过牛，马娘娘是秃子），犯了大忌，于是朱元璋命刘基带了3000人马要将苏州城中人全部杀光。刘基跪请留下苏州一门百姓，朱

花海扁舟（王少岳摄）

元璋见刘基保奏，便说哪门人少留哪门，刘基说阊门人最少。得到朱元璋圣旨，刘基立即派人告知苏州府，晓谕全城居民。苏州百姓连夜搬至阊门，一夜间阊门变得繁华起来。另一部分居民扶老携幼，逃离苏州。那时苏北一片荒凉，他们就逃到这里，开垦荒地，繁衍后代，有人问其祖籍，不敢说是苏州，只说是阊门人。因当时朱元璋派出的3000人马皆是红巾裹头，也称"红巾赶散"。但这些都是民间传说，没有史料记载。

这种将原籍附会为苏州阊门的情形，是苏北移民普遍存在的现象。事实上，从目前的家谱、族谱和一些地方文献提供的资料来看，明初迁入兴化的移民并非都来自苏州，亦非都是阊门的。顾颉刚先生的《苏州史志笔记》里有《兴化人祖籍多苏州》一条，写道："孔大充及其夫人杨质君，皆兴化人，告予兴化人祖先多于明代自苏州迁去，皆云老家在阊门。予谓自苏州迁去甚有可能，明太祖得天下后大量移民，使众寡略等，自宜以江南之庶调剂江北之荒。然谓所移者皆阊门居民则殊不可信。"兴化的《师俭堂李氏族谱》清楚地记载着被当地人称为"兴化阁老"的明代宰相李春芳家族明初由句容迁入兴化，但有趣的是，李春芳的后人也说自己的祖上是由苏州迁入的。兴化的《昭阳王氏谱》也清楚地记载着"元时川镇巡检，功转姑苏五品武职，三世祖八一公元卿，从盂城临川（今高邮临泽镇）迁往兴化"，而王氏后人也同样称自己来自于苏州阊门。这种文化现象与山东人所说祖籍是山西洪洞县大槐树下相同。

有学者认为，阊门不过是个传说，跟山西洪洞大槐树的传说是一样的，事实上苏州阊门当时只是一个中转站，是数十万移民出发的集散地。阊门是苏州八门之一，在苏州城的西北，是古代苏州的水路要冲，出阊门西行可达枫桥和寒山寺，京杭大运河从枫桥和寒山寺旁穿过，是水路苏州南来北往的必经之地。京杭大运河是近代交通发展以前沟通南北的唯一水道，所以出阊门、入大运河，是走水路由苏州向北去的最佳路线。当时明朝政府可能在阊门设置了专门办理移民事务的衙署，按朱元璋"凡赋役必验民之丁粮多寡，产业厚薄"之令，作为派征徭役的依据。因此，这样由官方组织、发放凭照川资、大规模的人口迁徙，组织者自然要先集中被迁之民，登记造册，编排队伍。由于阊门所处的交通位置重要，官方也就很自然地在阊门附近的驿站设局驻员，办理有关移民的一切公务。旧时寺庙往往又是"慈善机构"，阊门外除寒山寺还有几座大寺院，也就有条件接待及临时安置来自苏、松等五府众多的被迁之民。阊门一带也就很自然地成为移民的集中之地，成了他们惜别家乡的标志。许多移民后裔没法考证祖先到底住在苏州何处，便称"祖居阊门"。

移民给兴化人口结构和家族构成带来很大变化，兴化在宋元时期"顾、陆、时、陈"四大族的基础上，逐渐形成了"高、宗、徐、杨、李、吴、解、魏"八大姓。由于苏州等地经济文化较为发达，苏州移民带动了兴化社会、经济、文化和教育的发展，对农业生产也产生了相当的促进作用。据《明史》记载，洪武二十二年（1389年）朱元璋下诏，令移苏、松等府无田之民，往淮河以南各处闲田起耕，给以钞使备农具，3年不征赋役。又诏："徙杭、湖、温、台、苏、松诸府民无田者于淮河以南垦耕,官给钞备农具,复三年。"《东南文化》曾撰文称,明初苏北一带是一片海滩,苏州等地移民被朱元璋迁徙来此后,插草为标,从事渔、樵、盐、农等行业。移民的增加和经济的发展使得兴化从一个偏僻的小城变成了里下河地区一座重要城市。外来移民对兴化文化的影响也是巨大的,宋代范仲淹主政兴化期间,在此筑海堤、招流亡、辟荒田、施教化、建学宫、鼓励农耕,兴化由此形成了流传近千年的以"先天下之忧而忧,后天下之乐而乐"为核心的"景范文化"。正缘于此,才使兴化名人辈出。而明清时期的江南移民也将吴地崇儒重教之风带到了这里,使兴化成为真正的"振兴教化"之地,移民的吴语与兴化当地的土著居民方言相结合,产生了独具特色的兴化方言。今天不少兴化人称睡觉为"上虎丘",如果这一觉还做了梦,则管做梦叫"上苏州"。这并不是说苏州繁华而想去,而是"洪武赶散"之后,这些苏州移民是不许回归的,要想回苏州当然只能是在梦里了,其思乡之情令人唏嘘。

Agricultural
Heritage

兴化方言

17

兴化方言介于吴语与普通话之间，听起来奇特，但很多写出来却儒雅得很。例如"啥搞子"，有人考证书面语应该写成"啥杲昃"，太阳从东边出来称"杲"，往西边落下去称"昃"，"杲昃"就是"东西"。往水瓶里灌水，普通话说"打开水"，兴化方言说"冲开水"，有人说这个"冲"字书面语应该写成"充"，显得很斯文……

从我们登上开往兴化的长途汽车开始，耳边便不时听到兴化人说兴化方言。在我们接触的兴化人中，似乎说标准普通话的比较少，据说这是有原因的。从地理位置上看，兴化处于既不南又不北的方言区域，因此，兴化方言跟纯粹的南、北方言相比，都有差别。这种差别令兴化人觉得自己的语言比南、北方言都标准，更接近普通话。所以连学校老师上课都用兴化方言。但兴化人说出来的"普通话"方言口音往往特别重，让人一听就知道是兴化人。例如"今天不吃明天吃，明天不吃后天吃"，用兴化口音一说，就成了"跟高子不切门高子切，门高子不切猴高子切"，兴化味儿十分浓郁。

兴化方言属于北方方言区的江淮官话通泰片（泰如片）。江淮官话，旧称南方官话、下江官话，又称淮语、江淮话、下江话。江淮官话广泛分布于今江苏和安徽两省中部、湖北东部、河南南部、江西北部部分地区，使用人口大约为7000万，主体分布于江苏、安徽两省中部的江淮地区。江淮官话自东向西分为通泰片、洪巢片和黄孝片，其中以洪巢片人口占绝大多数。江淮官话保留了其他"官话"里面都已经消亡的"入声"，是一种古老的汉语方言。以前把南京话作为江淮官话代表音，现在则一般把扬州话作为江淮官话的代表音。

通泰片分布在泰州市（除靖江）、南通市（除启东、海门、如东兵房一带）、盐城市南部的东台和大丰两市以及扬州市东部的边缘地区，此片和普通话差异非常大，和洪巢片也有很大差异，带有吴语色彩。众所周知，通泰片方言有一些共有的缺点，比如说n与l不分、h与f不分、前后鼻音不分、平翘舌不分等，兴化方言自然也难以避免，但除此以外它自身还带有一些鲜明的特点。

中国古代汉语本有四声八调：平、上、去、入，各分阴阳。唐人孙愐在《唐韵·后论》中说："切韵者，本乎四声，各有清浊。"今天的南曲和吴语仍然保留四声八调，即阴平、阳平、阴上、阳上、阴去、阳去、阴入、阳入。北方大方言区，因为北方游牧民族南下，汉语变异，声调简化，现在以北京话为标准音的普通话仅有4个声调：阴平、阳平、上声、去声。而兴化话保留了完整的入声（阴入、阳入都有）。但是上声现在不分阴阳。因此，兴化话有7个声调：阴平、阳平、上声、阴去、阳去、阴入、阳入。但是调值上与普通话有差异，并且存在系统的调值"位移"现象。兴化方言总是四声不分，而以阳平为多。就拿"兴化"这两个字来说吧，兴化人说"兴化"的时候，总要一味地向上扬起再扬起，把它说成是"xíng huá"的。特别是在外地游客面前，他们说着这座有着几千年历史和众多文化名人的小城名字"兴化（xíng huá）"的时候，总是让人感觉其自豪之情溢于言表。还有一些发音，在兴化人的口中，也颇为特别。比如"电灯"，他们总要说成是"tiān 灯"；"共同"要说成"kōng同"。而且，在音调上，这兴化方言，不独是多用阳平，也常用阴平，少用上声和去声的。这阴平，比之于阳平的自豪之情，又平添了许多亲和之力。

兴化方言介于吴语与普通话之间，听起来奇特，但很多写出来却儒雅得很。例如"啥搞子"，有人考证书面语应该写成"啥杲昃"，太阳从东边出来称"杲"，往西边落下去称"昃"，"杲昃"就是"东西"。往水瓶里灌水，普通话说"打开水"，兴化方言说"冲开水"，有人说这个"冲"字书面语应该写成"充"，显得很斯文。再比如，一件事弄清楚了，普通话说"知道""明白"，用兴化方言说就是"醒得"，这个"醒"其实应该是"省悟"的"省"。

《水浒传》作者施耐庵故里为兴化新垛乡施家桥村，属于兴化"东北片"语区。学术界认为《水浒传》虽然写的是山东梁山泊的宋江起义，但应是以兴化白驹（与安丰同一语区）张士诚的起义军为原型的，因为传说施耐庵曾任张士诚的谋士。《水浒传》里的很多口语化的文字，简直就是地道的兴化方言，例如第二回"谁在那里张俺庄上？"，第四十五回"石秀在布帘里张见"中的"张"就是兴化方言，此处指"观看、偷看"；第二回"正在那山坡下张兔儿"中的"张"，则指"设器捕捉"。第二十五回"武大看那猴子吃了酒肉""被这小猴子死命顶住"，第四十五回"一个小猴子跟着出来赶早市"，第一百十九回"细人"，这也是兴化方言，兴化人有时称大人为"猴子"，称小孩为"细猴子"或"细人"。第三十回"却央张团练买嘱这张都监"中"买嘱"是兴化方言，指"行贿"。第二回"你便下场来踢一回耍""较量一棒耍子"中"耍子"兴化方言指"玩耍"。第二十四回"一发等哥哥家来吃""一同和你家去"中"家（gā）来""家去"兴化方言都是指"到自己家里"。

兴化方言有明显的吴语特征。历史上的"洪武赶散"，导致人数众多的苏州人迁入兴化，对兴化原来的方言造成了极大的冲击，这也是兴化虽然不是吴语区而又有着吴语特征的原因了。许多兴化人仍保留着许多苏州方言发音和传统习俗，许多字的发音与现在的苏州方言相差无几，例如，光滑的"滑"读为"wuá"；"黄豆"读为"wángdou"；"下雨"说成"lǎ雨"。兴化人还喜欢在话的中间加上"等于"，在"的"后面加个"吧"字。

兴化话，对于亲人的称呼，也是鲜见的亲切。比如，年轻人称呼母亲，用的是"妈"这个字音的析合——读成了"m-ma"，这样的称呼，更是显现出了母子（母女）间的亲密与亲近。另外，对于配偶，二三十岁乃至四五十岁的兴化人，一律称之为"对象"。在兴化方言中，"对象"是对于自己的配偶的一种带着些炫耀又带着些亲昵的特有的称呼。兴化方言叫男孩的小名后面要加上个"伙"，叫女孩小名后面要加上个"头"。

　　兴化方言中对人评价的词语也很有地方特色。兴化人往往把夸奖的话留有余地。初到兴化的人，被人说是"不丑"，可能心中会不愉快，臆想："原来我就仅止于不算丑陋啊？"其实，这句话是很高的评价，这就是兴化方言表达朴实的地方。

　　兴化地区是水乡，过去比较封闭，地理上的阻隔造成了小小的兴化本身有着多个方言区域。在兴化辖区内，东南西北的方言也还是有些差异的，虽然我们这些外地人很难区分出来。兴化北部的人通常称"二"为"拗"，南部的人则说成"两"；中部的人把"去河边"说成"上活头"，南部的人则说成"下湖陡"；中部的人把"什么东西啊？"说成"什哩东西？"，北部的人则说 "什东细呵？"，而到了南部人的嘴里就成了"啥搞子？"。当然，我们这些外地人听起来区别没有那么明显。

　　人们习惯上将兴化方言划分为四大片区：一是以昭阳镇为代表的"西南片"，其语言特征是语音调值较高，声音悦耳，如称呼"小孩"为"细儿姨"；二是以沙沟镇为代表的"西北片"，其语言特点是语速较慢，鼻音较重，如"蛇"读成"shī"；三是以戴南镇为代表的"圩南片"，其语言特征是语音调值较低，卷舌音较重，如"扫地"读成"扫 chī"；四是以安丰镇为代表的"东北片"，其语言特征是语音调值较低，没有卷舌音，极少鼻音，如"吃饭"读成"cē饭"，带有浓厚的吴语色彩。由于地缘的关系，兴化的方言一般来说都能找到其渊源。西南片的方言受扬州方言的影响较大，而扬州方言又与江淮官话的关系密切。西北片的方言受到北方盐城方言的影响，而盐城方言则又受到北方语系的影响。圩南片靠近三泰地区，圩南片的方言直接就是通泰语系。然而东北片的情况有点特殊。东北片的方言是以安丰镇为代表的，包括大邹、戴窑等地，也包括原

玉带飞禽（王少岳摄）

来属于兴化的大丰市白驹镇，向东延伸至黄海之滨。东北片的北方和西方是盐城、沙沟语区，南面是通泰语区，西南是有着扬州方言特征的昭阳语区，然而它们都与安丰的方言有着非常明显的区别。"东北片"与"圩南片"是以车路河为界的，在车路河以北也有一部分人操"圩南片"，但是再向北则都是安丰方言了，这之间并无多少自然的过渡。安丰镇与盐城的大冈镇仅有十几米的一河之隔，但其间的语言、风俗和文化则截然不同。有趣的是因为属于同一语区，安丰人在历史上习惯于和远隔几十千米的白驹人通婚，而绝少与一河之隔的大冈人有婚姻关系。由此看来，保持固有的文化传统是中国人的传统之一，当这种保持在没有强有力的外力作用之下则可能成为长期的坚持。

不过千百年来兴化不同方言区的居民之间的交流是肯定存在的，这种交流会对语言产生一定的影响，使得不同方言区之间的方言呈现渐变的特征，这一特征在兴化的昭阳、沙沟、戴南等语区有着明显的烙印。就安丰语区来说，其词汇与昭阳接近，语音的调值又与通泰语基本一致，这也证明了兴化方言渐变现象的存在。历史上，明初的"洪武赶散"也是一个渐进的过程，被赶往天津卫的主要是"西南片"和"圩南片"的兴化人，迁入的苏州人也主要是填补这些地区的空白，"西北片"相比较人口稀少，后来由北方人迁入，而"东北片"则更多地保留了土著的兴化人。现在的安丰人许多都自称是苏州的移民，安丰方言称睡觉为"上虎丘"，称做梦为"上苏州"。但是由于安丰语区更多地保留了兴化的土著居民，因为苏州移民的迁入不可能是突然的，而是缓慢的渐进过程，这样在相对长的时间段内迁入的少量苏州人在文化方面虽具有优势，而在语言方面却处于劣势，因此迁入的苏州人不断地被安丰方言同化，而不是吴语征服了安丰方言。

兴化方言中也有一些与当地特殊的自然地理环境有关。例如兴化有句俗语叫"茅山河反水",其本义是指东西走向的茅山河,并非常见的"一江春水向东流",而是向西流。另一方面,流经茅山南北走向的河流也非常见的向南流淌,而是向北倒流。这一特殊现象的原因与该地特殊的地理位置相关,茅山位于泰州、东台、兴化三市交界的三角地带,地势东高西低、南高北低。方言中的"茅山河反水"用得更多的意思,并非它的本义,而是它的引申义,即强调某一现象有悖事理,类似于我们常说的"太阳从西边出来"。

正所谓"一方水土养育一方人",无论是施耐庵写作《水浒传》,还是现任江苏作协副主席的毕飞宇写作《平原》《地球上的王家庄》,都把这种兼容并蓄的方言文化精妙地运用到了自己的作品当中。如果没有源远流长、丰富多彩的兴化方言文化,也许就没有"兴化文学现象",没有这些伟大的文学作品。

后　记

　　今天，去江苏兴化看垛田油菜花的人越来越多，也有更多的学者和普通百姓开始了解和关注像兴化垛田这样的农业文化遗产，但是真正能够理解这些珍贵遗产价值的人并不多，农业文化遗产的保护与可持续发展依然任重道远。

　　本书编撰历经两载有余终于得以付梓，我不禁长舒了一口气，因为这对于我来说确实是一次挑战。一来我以前没写过这类文章，写起来比较吃力；二来田野调查做的功课不足，文笔也欠佳，甚至因忙于学校的本科教学评估工作一度搁笔。好在苑利先生不断给予我鼓励和指导，才终于在延期的情况下完成了这项工作。

　　我在本书写作过程中得到了很多学者、有关政府部门工作人员和村民的帮助，感谢兴化市摄影协会的王少岳、朱宜华、朱春雷等老师为本书提供照片，感谢垛田镇文化站吴萍站长、兴化市图书馆古籍部潘履冰老师为我们提供资料和帮助，感谢缸顾乡东旺村的魏桂塘一家、垛田镇新徐庄村的夏俊台为我们的调研提供帮助，也感谢我的研究生赵鹏飞、张秀梅协助我调查和整理资料。

本书引用和借鉴了南京农业大学卢勇教授、江苏省行政学院彭安玉教授、兴化市政协刘春龙主席、垛田镇文化站原站长李松筠老师等的研究成果和作品，书中未能一一标出，在此一并致谢。

特别感谢苑利先生对我的鼓励、鞭策和指导。

感谢北京出版集团的各位老师为本书出版付出的辛勤劳动。

是为记。

李　明

2017年8月于南京